普通高等教育力学系列"十三五"规划教材

材料力学

闵 行　刘书静　诸文俊　编著

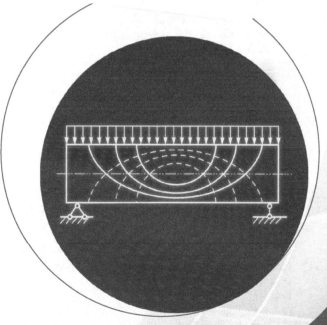

西安交通大学出版社
XI'AN JIAOTONG UNIVERSITY PRESS

内容提要

全书共分 11 章：绪论、轴向拉伸与压缩、扭转、弯曲内力、弯曲应力、弯曲变形、应力状态分析和强度理论、组合变形的强度、压杆的稳定、动载荷、联接件的强度。附录包括截面图形的几何性质和型钢表。各章均附有复习思考题和习题。

本书结构紧凑，语句简明，由浅入深，注意联系工程实际，便于教学和自学。

本书为普通高等学校 60～70 学时材料力学教学用书，也可供高等职业学校和成人教育学院师生及有关工程技术人员参考。

图书在版编目(CIP)数据

材料力学/闵行，刘书静，诸文俊编著. —西安：西安交通大学出版社，2009.12(2024.1 重印)
ISBN 978－7－5605－3241－7

Ⅰ. 材… Ⅱ. 闵… Ⅲ. 材料力学-高等学校-教材 Ⅳ. TB301

中国版本图书馆 CIP 数据核字(2009)第 157354 号

书　　名	材料力学
编　　著	闵　行　刘书静　诸文俊
责任编辑	桂　亮
文字编辑	郑丽芬
出版发行	西安交通大学出版社
	（西安市兴庆南路 1 号　邮政编码 710048）
网　　址	http://www.xjtupress.com
电　　话	(029)82668357　82667874(市场营销中心)
	(029)82668315(总编办)
传　　真	(029)82668280
印　　刷	西安日报社印务中心
开　　本	727mm×960mm　1/16　印张 14.375　字数 260 千字
版次印次	2009 年 12 月第 1 版　2024 年 1 月第 6 次印刷
书　　号	ISBN 978－7－5605－3241－7
定　　价	30.00 元

如发现印装质量问题，请与本社市场营销中心联系。
订购热线：(029)82665248　(029)82667874
投稿热线：(029)82664954
读者信箱：jdlgy@yahoo.cn

版权所有　侵权必究

前　言

本教材是普通高等学校 60～70 学时的材料力学教材，适用于机械、能源、动力、材料等专业。

随着教学改革的不断深入，学时减少和教学要求提高的矛盾日益突出。本教材力求贯彻教学改革精神，在保证课程基本内容和要求的同时，使内容和语言更加精炼，注重理论紧密结合工程实际，培养学生分析和解决问题的能力。

本教材密切结合前置课程和后续课程的内容，加强学生今后学习和工作中必需的知识。教材中注意避免过于繁杂的理论推导，给学生以简明易懂的说明；增加实际结构及材料破坏断口的照片和图，使学生对材料强度有更多的感性认识。教材刻意精选一些既结合理论知识又联系工程实际的例题和习题，便于学生复习学过的理论知识，使学生了解如何利用这些知识解决工程实际问题，提高学生学习本课程的兴趣。教材在理论的论述、公式的推导、例题的讲述等方面都注意到便于学生阅读和自学。在每一章后面都有复习思考题，以帮助学生掌握该章节的重点。书中带有 * 号的内容可根据不同要求由教师选用。

本教材由闵行、刘书静和诸文俊编写。闵行和刘书静任主编。

本教材反映了西安交通大学材料力学教研室多年来教学改革成果和丰富的教学经验。在编写过程中，参考了西安交通大学材料力学教研室和兄弟院校已经公开出版的许多教材和书籍。在此特向有关作者表示敬意和衷心感谢。

本教材在编写过程中得到西安交通大学力学教学实验中心和西安交通大学城市学院机械工程系的大力支持，责任编辑桂亮和郑丽芬为本书的出版做了大量细致的工作。在此一并致以衷心的感谢。

限于编者的水平，教材有疏漏和不妥之处，敬请读者提出批评指正。

编　者

2009.9

本书主要符号表

符号	符号意义	常用单位
A	面积	m^2, mm^2
a	间距	m, mm
	加速度	m/s^2
b	宽度	m, mm
C	形心	
D, d	直径	m, mm
E	弹性模量	$GN/m^2 (GPa)$
E_k	动能	$J(N \cdot m)$
E_p	势能	$J(N \cdot m)$
e	偏心距	m, mm
F	力(外力,载荷)	N, kN
F_{Ax}	A 处沿 x 方向的支反力	N, kN
F_{cr}	压杆临界力	N, kN
F_x, F_y, F_z	力在 x, y, z 方向的分量	N, kN
F_N	轴力	N, kN
F_S	剪力	N, kN
G	切变模量	$GN/m^2 (GPa)$
	重量	N, kN
g	重力加速度	m/s^2
H, h	高度	m, mm
I_y, I_z	截面对 y, z 轴的惯性矩	m^4, mm^4
I_p	极惯性矩	m^4, mm^4
I_{yz}	截面对 yz 轴的惯性积	m^4, mm^4
i_y, i_z	截面对 y, z 轴的惯性半径	m, mm
K_d	动荷因数	

符号	符号意义	常用单位
$K_{t\sigma}, K_{t\tau}$	理论应力集中因数	
K_σ, K_τ	正应力,切应力有效应力集中因数	
k	弹簧刚度系数	N/m, kN/m
L, l	长度	m, mm
M	弯矩	N·m, kN·m
M_O	对点 O 的矩	N·m, kN·m
M_A	弯曲外力偶矩(A 处)	N·m, kN·m
M_y, M_z	对 y、z 轴的弯矩	N·m, kN·m
m	质量	kg
m	单位长度力偶矩	N·m/m, kN·m/m
n	安全因数	
	转速	r/min
$[n_{st}]$	规定稳定安全因数	
$[n_f]$	规定疲劳安全因数	
N	循环次数	
N_0	循环基数	
P	功率	W, kW
p	压强,压力	N/m²(Pa), MN/m²(MPa)
	全应力	MN/m²(MPa), N/mm²
q	分布载荷集度	N/m, kN/m
R, r	半径	m, mm
r	交变应力循环特征	
S_y, S_z	截面对 y, z 轴的静矩	m³, mm³
s	弧长	m, mm
T	扭矩	N·m, kN·m
t	温度	℃
	时间	s
	壁厚	m, mm
u	线位移	m, mm
V_ε	(变形能)应变能	J(N·m)

符号	符号意义	常用单位
V	体积	m^3, mm^3
v	速度	m/s
w	梁的挠度	m, mm
W	外力功	$N \cdot m, kN \cdot m$
	重量	N, kN
W_p	扭转截面系数	m^3, mm^3
W_y, W_z	对 y, z 轴的弯曲截面系数	m^3, mm^3
α	倾角	$rad, (°)$
	线膨胀因数	K^{-1}
β	角	$rad, (°)$
	表面质量因数	
Δ	变形,位移	mm
δ	厚度	m, mm
	延伸率	
$\varepsilon, \varepsilon_e, \varepsilon_p$	线应变,弹性应变,塑性应变	
γ	切应变	
	单位体积重量	$N/m^3, kN/m^3$
ψ	断面收缩率	
φ	转角	$rad, (°)$
λ	柔度	
μ	泊松比,压杆长度因数	
θ	梁截面转角	$rad, (°)$
	单位长度扭转角	$°/m$
ρ	密度	kg/m^3
	曲率半径	m, mm
σ	正应力	$MN/m^2 (MPa), N/mm^2$
σ^+, σ^-	拉应力,压应力	同上
$\sigma°$	破坏(极限)应力	同上
$[\sigma]$	许用应力	同上
$[\sigma]^+$	许用拉应力	同上

符号	符号意义	常用单位
$[\sigma]$	许用压应力	$MN/m^2(MPa), N/mm^2$
σ_a	应力幅	同上
σ_b	强度极限	同上
σ_c	挤压应力	同上
σ_d	动应力	同上
σ_{cr}	临界应力	同上
σ_e	弹性极限	同上
σ_m	平均应力	同上
σ_p	比例极限	同上
σ_r	持久极限	同上
	径向应力	同上
σ_{ri}	相当应力	同上
σ_s	屈服应力	同上
$\sigma_{0.2}$	条件屈服应力	同上
τ	切应力	同上
τ_m	均方根切应力	同上
$[\tau]$	许用切应力	同上
ω	角速度	$rad/s, (°/s)$

目 录

前言
本书主要符号表

第1章 绪论 (1)
1.1 材料力学的任务 (1)
1.2 变形固体的基本假设 (2)
1.3 内力和应力 (3)
1.4 位移、变形与应变 (6)
1.5 杆件变形的基本形式 (7)
复习思考题 (7)

第2章 轴向拉伸与压缩 (9)
2.1 概述 (9)
2.2 直杆横截面上的内力与应力 (10)
2.3 轴向拉伸或压缩时的强度计算 (12)
2.4 斜截面上的应力 (15)
2.5 轴向拉伸或压缩时的变形 (16)
2.6 材料在拉伸时的力学性质 (19)
2.7 材料在压缩时的力学性质 (24)
2.8 安全因数和许用应力 (24)
2.9 应力集中的概念 (25)
2.10 简单拉压超静定问题 (27)
复习思考题 (31)
习题 (32)

第3章 扭转 (39)
3.1 概述 (39)
3.2 外力偶矩、扭矩和扭矩图 (39)
3.3 圆杆扭转时的应力与强度条件 (41)
3.4 圆杆扭转时的变形与刚度条件 (45)

3.5　圆杆扭转的应力分析 ································· (49)
　　3.6　非圆截面杆扭转的概念 ······························· (51)
　　复习思考题 ······································· (52)
　　习题 ··· (53)

第4章　弯曲内力 ···································· (56)
　　4.1　概述 ··· (56)
　　4.2　梁的简化及其典型形式 ······························· (56)
　　4.3　梁的内力和正负号规则 ······························· (58)
　　4.4　剪力方程和弯矩方程　剪力图和弯矩图 ························ (59)
　　复习思考题 ······································· (65)
　　习题 ··· (66)

第5章　弯曲应力 ···································· (69)
　　5.1　概述 ··· (69)
　　5.2　弯曲正应力 ····································· (70)
　　5.3　弯曲正应力的强度计算 ······························· (73)
　　5.4　弯曲切应力和切应力强度条件 ··························· (77)
　　5.5　提高弯曲强度的措施 ································ (81)
　　复习思考题 ······································· (84)
　　习题 ··· (85)

第6章　弯曲变形 ···································· (89)
　　6.1　概述 ··· (89)
　　6.2　挠曲线近似微分方程 ································ (89)
　　6.3　直接积分法 ····································· (91)
　　6.4　用叠加法求梁的变形 ································ (94)
　　6.5　梁的刚度条件和提高弯曲刚度的措施 ························ (96)
　　6.6　简单超静定梁 ···································· (98)
　　复习思考题 ······································· (99)
　　习题 ··· (100)

第7章　应力状态分析和强度理论 ·························· (103)
　　7.1　应力状态的概念 ··································· (103)
　　7.2　平面应力状态分析的解析法 ···························· (104)
　　7.3　平面应力状态分析的图解法 ···························· (107)
　　7.4　三向应力状态的最大应力 ····························· (110)

7.5 广义胡克定律 ……………………………………………………………… (112)
7.6 强度理论的概念 ……………………………………………………………… (115)
7.7 四种常用的强度理论 ………………………………………………………… (115)
7.8 强度理论的应用 ……………………………………………………………… (118)
复习思考题 ……………………………………………………………………… (121)
习题 ……………………………………………………………………………… (121)

第8章 组合变形的强度 …………………………………………………………… (126)
8.1 概述 …………………………………………………………………………… (126)
8.2 拉伸(压缩)与弯曲组合变形 ………………………………………………… (127)
8.3 弯曲与扭转组合变形 ………………………………………………………… (132)
复习思考题 ……………………………………………………………………… (136)
习题 ……………………………………………………………………………… (136)

第9章 压杆的稳定 ………………………………………………………………… (141)
9.1 概述 …………………………………………………………………………… (141)
9.2 细长压杆的临界力 …………………………………………………………… (142)
9.3 压杆的临界应力 临界应力总图 …………………………………………… (144)
9.4 压杆稳定性的校核 …………………………………………………………… (149)
9.5 提高压杆稳定性的措施 ……………………………………………………… (154)
复习思考题 ……………………………………………………………………… (155)
习题 ……………………………………………………………………………… (156)

第10章 动载荷 …………………………………………………………………… (161)
10.1 概述 ………………………………………………………………………… (161)
10.2 惯性力问题 ………………………………………………………………… (161)
10.3 构件受冲击时的应力和变形 ……………………………………………… (164)
10.4 提高构件抗冲击能力的措施 ……………………………………………… (169)
10.5 疲劳强度的概念 …………………………………………………………… (169)
10.6 交变应力及其循环特征 …………………………………………………… (172)
10.7 材料的疲劳极限 …………………………………………………………… (172)
10.8 影响构件疲劳极限的主要因素 …………………………………………… (174)
* 10.9 交变应力下构件的疲劳强度条件 ………………………………………… (175)
10.10 提高构件疲劳强度的措施 ……………………………………………… (176)
复习思考题 ……………………………………………………………………… (177)
习题 ……………………………………………………………………………… (178)

第 11 章　联接件的强度 ··· (181)
　11.1　概述 ·· (181)
　11.2　联接件的实用计算法 ·· (182)
　复习思考题 ·· (188)
　习题 ·· (188)

附录 A　截面图形的几何性质 ·· (191)
　A.1　静矩和形心 ·· (191)
　A.2　惯性矩和惯性积 ·· (193)
　A.3　平行移轴公式 ··· (195)
　复习思考题 ·· (197)
　习题 ·· (197)

附录 B　简单载荷下梁的变形 ·· (199)

附录 C　型钢表 ·· (202)
　表 1　热轧等边角钢 ··· (202)
　表 2　热轧普通工字钢 ·· (207)
　表 3　热轧普通槽钢 ··· (209)

习题答案 ··· (211)

参考文献 ··· (218)

第 1 章 绪 论

1.1 材料力学的任务

工程中广泛使用的各种机械与结构物,如机床、电机和建筑物等,都是由许多零部件组成的,组成机械与结构物的零部件统称为**构件**。构件工作时,一般都受到载荷的作用。为确保机械和结构物能够正常地工作,要求构件具有一定的承受载荷能力(简称**承载能力**),材料力学就是研究构件承载能力的一门学科。

构件承载能力分为三个方面:

(1) **强度**　构件抵抗破坏的能力称为强度。构件承受载荷时,不应该发生破坏,如起重机在起吊重物时(图 1-1),钢索不能断裂、在规定的压力下储气罐不能开裂(图 1-2)等,即构件要有足够的强度。

图 1-1

图 1-2

(2) **刚度**　构件抵抗变形的能力称为刚度。构件刚度不足,在受载荷时可能产生过大的变形,即使有足够的强度,仍不能正常工作。如钻床工作时(图 1-3),若立柱和摇臂变形过大,将会影响加工精度等。因此,这类构件必须具有足够抵抗变形的能力,即有足够的刚度。

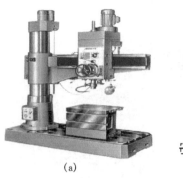 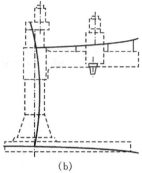

图 1-3

(3) **稳定性** 构件保持原有平衡形式的能力称为稳定性。一些细长受压构件,如千斤顶中的支杆(图 1-4)、内燃机中的挺杆等,要求这类构件在工作中能保持原有的直线平衡状态,即具有足够的稳定性。

增大构件的截面尺寸和使用较好的材料,可满足构件承载能力的要求,以保证机械和结构能够正常地工作。另一方面,若构件的截面尺寸过大或使用过好的材料,尽管满足了上述的要求,却增加了构件的成本和重量。因此,必须为构件选择适当的材料、合适的截面形状和尺寸,使构件既安全适用又经济合理。材料力学的任务是研究构件在外力作用下的变形和破坏规律,为合理设计构件提供必要的理论基础和计算方法。

图 1-4

构件的承载能力与所用材料的力学性质有关,而这些力学性质必须通过实验来测定。此外,某些较复杂的问题也须借助于实验来解决。因此,实验研究和理论分析都是完成材料力学任务必不可少的手段。

1.2 变形固体的基本假设

组成机械与结构物的构件,都是由各种材料制成的固体,在外力作用下会发生变形,称为**变形固体**。

材料力学在研究构件承载能力时,为了简化计算,通常略去一些次要因素,将它们抽象为理想化的模型。下面是对变形固体所作的基本假设:

(1) **连续性假设** 即认为组成变形固体的物质毫无间隙地充满了它的整个几

何空间,而且变形后仍保持这种连续性,物体的一切物理量都可用坐标的连续函数来表示。

（2）**均匀性假设** 即认为物体是由同一均匀材料组成,其各部分的物理性质相同,且不随坐标位置而变。这样就可以从中取出任一微小部分进行分析和试验,其结果适用于整个物体。

（3）**各向同性假设** 即认为物体在各个方向具有相同的物理性质,物体的力学性质不随方向而变,具备这种性质的材料称为各向同性材料。

实际上,从微观角度观察,工程材料内部都有不同程度的空隙和非均匀性,组成金属的各单个晶粒,其力学性质也具有明显的方向性。但由于这些空隙和晶粒的尺寸远远小于构件的尺寸,且排列是无序的,所以从统计学的观点,在宏观上可以认为物体的性质是均匀、连续和各向同性的。实践证明,在工程计算的精度范围内,上述假设可以得到满意的结果。

材料在外力作用下将产生变形。对于大多数材料,当外力不超过一定限度时,去除外力后,物体将恢复到原有的形状和尺寸,材料这种性质称为**弹性**。去除外力后能消失的变形称为**弹性变形**。当外力过大时,去除外力后,变形只能部分消失而残留下一部分永久变形,材料的这种性质称为**塑性**,残留的变形称为**塑性变形**。

工程实际中,为保证构件正常工作,一般要求构件只发生弹性变形。对于大多数工程材料,如金属、木材和混凝土等,其弹性变形与构件原始尺寸相比甚为微小,因此在力学分析中,可以不考虑因变形而引起的尺寸变化。这样在研究平衡问题时,仍可按构件的原始尺寸进行计算,使问题大为简化,这就是**小变形概念**。

这里需要指出,由于材料力学的研究对象是变形固体,因而在应用以刚体为研究对象的理论力学中的有关概念时,要特别注意其适用条件。如在分析构件的变形时,力的可传性原理等不再适用。

1.3 内力和应力

1.3.1 内力

构件受到其他物体作用的力称为**外力**,外力包括载荷和支反力。构件不受外力时,内部各部分之间存在着相互作用力,使构件维持一定的形状。当构件受到外力作用而变形时,其内部各部分之间的相互作用力发生了改变。这种因外力作用而引起构件内各部分之间相互作用力的改变量,称为**附加内力**,通常简称为**内力**。构件的内力随外力的改变而变化,当内力达到某一极限值时,构件就会破坏,因此内力与构件的强度有着密切关系。

1.3.2 截面法

为了显示内力并确定其大小,可采用下述方法:图 1-5(a)所示构件在外力作用下处于平衡状态。欲求 $m-m$ 截面上的内力,可假想将构件沿 $m-m$ 截面切开,分为Ⅰ、Ⅱ两部分,如图 1-5(b)、(c)所示。任取其中一部分,如部分Ⅰ为研究对象,因为构件在原来力系作用下处于平衡状态,则部分Ⅰ也必须处于平衡状态。因此,部分Ⅰ除受外力 F_1 和 F_2 外,在 $m-m$ 截面必定有作用力与其平衡,这就是部分Ⅱ对部分Ⅰ的内力,根据连续性假设,内力沿 $m-m$ 截面连续分布。这种分布内力的合力即为该截面的内力。根据部分Ⅰ的静力平衡条件就可以确定 $m-m$ 截面上的内力值。同样,如以部分Ⅱ为研究对象,也可以求出部分Ⅰ作用给部分Ⅱ的内力。根据作用与反作用定律,作用在Ⅰ、Ⅱ两部分的内力大小相等,方向相反。

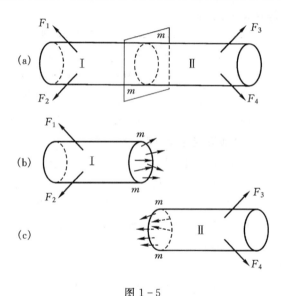

图 1-5

上述这种显示内力和确定内力的方法称为**截面法**,它是材料力学中研究内力的基本方法。截面法可以归纳为:欲求构件内某一截面的内力,可假想地用该截面把构件截分为两部分,任取一部分为研究对象;以内力代替另一部分对研究部分的作用;根据研究部分在外力和内力作用下的静力平衡条件确定内力。

例 1-1 电车架空线立柱结构简图如图 1-6(a)所示,已知力 F 和长度 a,试求立柱 $m-m$ 截面上的内力。

解 (1) 沿 $m-m$ 截面假想地将立柱截为两段,取上半部分进行研究,如图 1-6(b)所示。

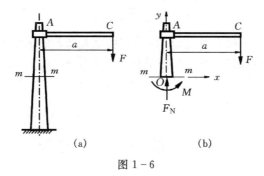

图 1-6

(2) 外力 F 将使上半部分立柱向下平移,并绕截面形心 O 顺时针转动。为保持平衡,下半段立柱作用于 $m-m$ 截面的内力应是向上的力 F_N 和逆时针的力偶 M(图 1-6(b))。

(3) 由静力平衡条件

$$\sum F_y = 0, \text{ 得 } F_N = F$$

$$\sum M_O = 0, \text{ 得 } M = Fa$$

1.3.3 应力

截面法只能确定构件截面上分布内力的合力,但不能确定内力在截面上的分布情况。为此引入**应力**的概念。

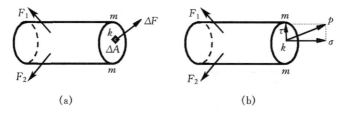

图 1-7

如图 1-7(a)所示,在 $m-m$ 截面上任一点 k 处,取一微面积 ΔA,设 ΔA 上内力的合力为 ΔF,则比值

$$p_m = \frac{\Delta F}{\Delta A}$$

称为 ΔA 上的**平均应力**。一般情况下,内力沿截面并非均匀分布,平均应力 p_m 的大小及方向随所取面积 ΔA 的大小而变化,为了精确反映 k 点处的内力密集程度,应使 ΔA 趋近于零,由此极限值

$$p = \lim_{\Delta A \to 0} \frac{\Delta F}{\Delta A} = \frac{\mathrm{d}F}{\mathrm{d}A}$$

称为 k 点的**全应力**。全应力 p 是矢量,其方向就是 ΔF 的极限方向。通常把全应力 p 分解为垂直于截面的分量 σ 和切于截面的分量 τ(图 1-7(b)),σ 称为**正应力**,τ 称为**切应力**。应力的单位是 Pa(帕),1 Pa=1 N/m²。常用单位为 MPa,1 MPa= 10^6 Pa=1 N/mm²。

1.4 位移、变形与应变

1.4.1 位移的概念

构件在外力作用下产生变形,各部分空间位置的变化量称为**位移**。自构件内某点的原来位置到其新位置所连的直线段,称为该点的**线位移**;构件内某一线段(或平面)所旋转的角度,称为该线段(或面)的**角位移**。除变形外,构件的刚体运动也可引起位移,材料力学只是研究由变形引起的位移。

1.4.2 变形和应变

变形前,在构件内某一点的某一方向取长为 Δx 的微线段 AB,变形后其长度发生改变,如图 1-8(a)所示。长度的改变量 Δu 称为线段 AB 的线变形,则比值

$$\varepsilon_m = \frac{\Delta u}{\Delta x}$$

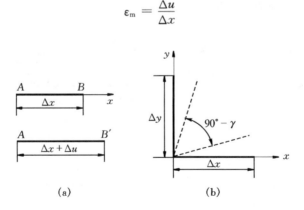

图 1-8

为线段 AB 的相对线变形,称为平均**线应变**。一般情况下,AB 内各点处的变形程度并不相同,为了精确描述 A 点沿 AB 方向的变形程度,应使 Δx 趋近于零,此时,A 点沿 AB 方向的**线应变**为

$$\varepsilon = \lim_{\Delta x \to 0} \frac{\Delta u}{\Delta x} = \frac{\mathrm{d}u}{\mathrm{d}x}$$

用类似的方法,还可确定 A 点沿其他方向的线应变。

如果变形前在构件某一点取两根相互垂直的微线段 Δx 及 Δy(图 1-8(b))。变形后这两根微线段间的夹角有所改变,其直角的改变量 γ 称为**切应变**(或称**角应变**)。线应变 ε 和切应变 γ 都是无量纲的量,γ 的单位是 rad(弧度)。

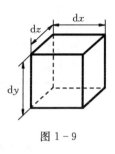

图 1-9

为了研究构件的变形,可以设想把构件分为无数极其微小的正六面体(图 1-9),称为**单元体**。构件变形时每个单元体也相应变形,整个构件的变形可以看成是所有单元体变形的累积。由于单元体的变形不外乎是各棱边长度的改变和各线段(或面)间夹角的改变,所以无论构件的变形如何复杂,它们都是由线变形和角变形组合而成。

1.5 杆件变形的基本形式

实际构件的几何形状多种多样,材料力学主要研究**杆件**一类构件,其几何特征是纵向(长度方向)尺寸远大于横向(垂直于长度方向)尺寸,轴、梁和柱均属于杆。杆各横截面形心的连线称为**轴线**,轴线为直线的杆称为**直杆**,轴线为曲线的杆称为**曲杆**,等截面的直杆简称**等直杆**,横截面大小不等的杆称为**变截面杆**。材料力学的计算公式,一般是在等直杆基础上建立起来的,但对曲率很小的曲杆和横截面缓慢变化的变截面杆也可推广应用。

在外力作用下,杆件的变形有下列几种基本形式:

(1) 拉伸及压缩(图 1-10(a)、(b));

(2) 扭转(图 1-10(c)、(d));

(3) 弯曲(图 1-10(e));

(4) 剪切(图 1-10(f))。

杆件其他复杂的变形都可看成是上述几种基本变形的组合。在以后的各章中,先分别讨论杆件在某一基本变形下的问题,然后再综合研究杆件组合变形时的问题。

复习思考题

1-1 何谓构件?何谓构件的承载能力?

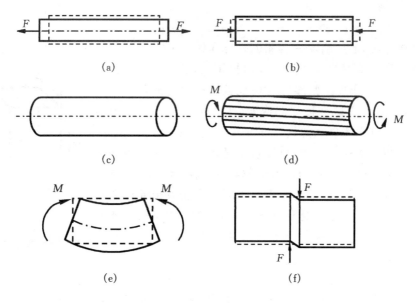

图 1-10

1-2 材料力学的任务是什么？

1-3 何谓变形？弹性变形和塑性变形有什么区别？

1-4 变形固体的基本假设是什么？

1-5 何谓截面法？应用截面法的步骤是什么？

1-6 试说明下列各组物理量之间的区别和联系,常用单位和量纲。

(A) 内力与应力；　　(B) 正应力、切应力与全应力；

(C) 变形与位移；　　(D) 变形与应变；　　(E) 应力与压强。

1-7 图示 A 点处各单元体中,虚线表示变形后的形状。试指出各单元体切应变的大小。

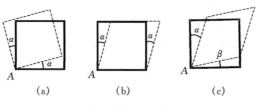

复习题 1-7 图

1-8 在小变形条件下刚体静力学中关于平衡的理论；力和力偶的可传递性原理；力的分解和合成原理能否用于材料力学？试举例说明。

第 2 章 轴向拉伸与压缩

2.1 概 述

工程实际中,常见许多承受拉伸或压缩的杆件。例如图 2-1(a)所示支架中的杆,图 2-1(b)所示内燃机的连杆以及吊车的钢索等。

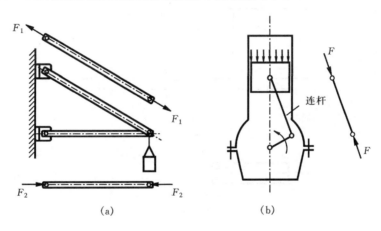

图 2-1

这些承受拉伸或压缩杆件的形状和加载方式各不相同,若将杆件的受力情况进行简化,均可画成图 2-2 所示的计算简图。这类杆件外力作用线与杆轴线重合,杆件沿杆轴线方向伸长或缩短,这种变形形式称为**轴向拉伸**或**轴向压缩**。

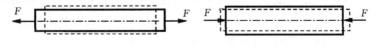

图 2-2

2.2 直杆横截面上的内力与应力

为了进行拉(压)杆的强度计算,首先必须研究横截面上的内力与应力。

以图 2-3(a)所示的受拉等直杆为例,用截面法将拉杆在任一横截面 m-m 处截分为两段(图 2-3(b))。由左半部分的平衡条件可知,该截面上分布内力的合力必为一个与杆轴线重合的轴向力 F_N,且有

$$F_N = F$$

F_N 称为**轴力**。

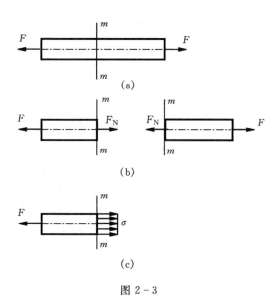

图 2-3

通常由杆的变形来确定内力的符号,轴力的符号规则是:当轴力的方向与截面外法线一致时,杆件受拉伸,其轴力为正;反之,杆件受压缩,其轴力为负。图 2-3(b)所示 m-m 截面上的轴力均为正号。

实验表明:如外力 F 的作用线与杆轴线重合,则离杆端一定距离的横截面上各点的变形是均匀的,各点的应力也应是均匀分布的,且垂直于横截面,即为正应力,如图 2-3(c)所示。设杆的横截面面积为 A,则有

$$\sigma = \frac{F_N}{A} \qquad (2-1)$$

对承受轴向压缩的杆,上式同样适用。正应力的符号规则与轴力相同,即拉应力为正,压应力为负。

对于变截面杆,除去截面突变处附近的应力分布较复杂外,对于其他各横截

面,仍可认为应力是均匀分布的,式(2-1)亦可适用。

例 2-1 等截面直杆横截面面积 $A=500 \text{ mm}^2$,受轴向力作用如图 2-4(a)所示,已知 $F_1=10 \text{ kN}, F_2=20 \text{ kN}, F_3=20 \text{ kN}$,试求直杆各段的内力和应力。

解 (1) 内力计算 在 AB、BC 和 CD 三段内各截面的内力均为常数,在三段内依次用任意截面 1-1、2-2 和 3-3 把杆截分为两部分,研究左半部分的平衡,分别用 F_{N1}、F_{N2}、F_{N3} 表示各段横截面上的轴力,且都假设为正,如图 2-4(b)、(c)、(d)所示。由平衡条件得出各段轴力为

$$F_{N1} = -F_1 = -10 \text{ kN}$$
$$F_{N2} = F_2 - F_1 = 20 \text{ kN} - 10 \text{ kN} = 10 \text{ kN}$$
$$F_{N3} = F_2 + F_3 - F_1 = 20 \text{ kN} + 20 \text{ kN} - 10 \text{ kN} = 30 \text{ kN}$$

其中 F_{N1} 为压力,F_{N2} 和 F_{N3} 为拉力。

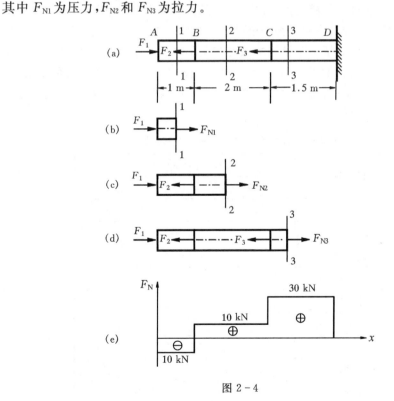

图 2-4

工程上常以图线来表示杆件内力沿杆长的变化。在拉伸与压缩问题中,以横坐标表示横截面位置,纵坐标表示相应截面上的轴力。正的轴力绘在横坐标 x 轴的上侧;负的轴力绘在下侧,这种图线称为**轴力图**。直杆 AD 的轴力图,如图 2-4(e)所示。

(2) 应力计算　用式(2-1)计算各段应力

$$\sigma_{AB} = \frac{F_{N1}}{A} = \frac{-10 \times 10^3 \text{N}}{500 \times 10^{-6} \text{m}^2} = -20 \text{ MPa}$$

$$\sigma_{BC} = \frac{F_{N2}}{A} = \frac{10 \times 10^3 \text{N}}{500 \times 10^{-6} \text{m}^2} = 20 \text{ MPa}$$

$$\sigma_{CD} = \frac{F_{N3}}{A} = \frac{30 \times 10^3 \text{N}}{500 \times 10^{-6} \text{m}^2} = 60 \text{ MPa}$$

其中 σ_{AB} 为压应力，σ_{BC} 和 σ_{CD} 为拉应力。

2.3　轴向拉伸或压缩时的强度计算

绪论中指出，构件必须满足强度的要求。已知构件由于外力引起的应力(即**工作应力**)后，仍不足以判断构件是否安全可靠。构件的强度还和材料能够承受的应力有关，其实际工作应力须小于材料的**破坏应力**。为了保证构件安全可靠地工作并有一定的强度储备，在工程中，为各种材料规定出设计构件时应力的最高限度，称为**许用应力**，用[σ]表示。表 2-1 列出几种常用材料在常温、静载和一般工作条件下许用应力[σ]的约值。

表 2-1　几种常用材料许用应力的约值

材　料	许用应力[σ]/MPa	
	拉　伸	压　缩
灰铸铁	31～78	120～150
Q215 钢	140	
Q235 钢	160	
16 锰	240	
45 钢(调质)	190	
铜	30～120	
铝	30～80	
松木(顺纹)	6.9～9.8	9.8～11.7
混凝土	0.1～0.7	0.98～8.8

这样，为了保证拉(压)杆的正常工作，必须使杆件的工作应力不超过材料的许用应力，即

$$\sigma = \frac{F_N}{A} \leqslant [\sigma] \tag{2-2}$$

上式称为杆件在受轴向拉伸或压缩时的**强度条件**,运用此式可解决工程中下列三个方面强度计算问题:

(1) 强度校核

已知杆件的材料、尺寸及所受载荷,可以用式(2-2)校核杆件的强度。

(2) 设计截面

已知杆件的材料及所受载荷,可将式(2-2)变换成

$$A \geqslant \frac{F_N}{[\sigma]} \quad (2-3)$$

从而确定杆件的横截面面积。

(3) 确定许可载荷

已知杆件的材料及尺寸,可按式(2-2)计算杆所承受的最大轴力

$$F_N \leqslant A[\sigma] \quad (2-4)$$

从而确定结构能承受的最大载荷。

例 2-2 图 2-5(a)所示汽缸的内径 $D=400$ mm,汽缸内的工作压强 $p=1.2$ MPa,活塞杆直径 $d=65$ mm,汽缸盖和汽缸体用螺纹根部直径为 18 mm 的螺栓联接。若活塞杆的许用应力为 50 MPa,螺栓的许用应力为 40 MPa。试校核活塞杆的强度并确定所需螺栓的个数 n。

解 (1) 活塞杆的强度

活塞杆因作用于活塞上的压力而受拉,如图 2-5(b)所示,轴力 F_{N1} 可由汽体压强和活塞面积求得(因活塞杆横截面面积 A 远小于活塞面积 A_1,故可略去不计)。即

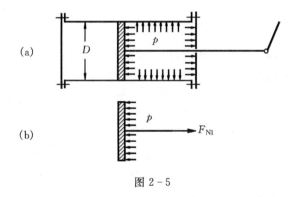

图 2-5

$$F_{N1} = pA_1$$

由强度条件式(2-2)得活塞杆应力

$$\sigma = \frac{F_{N1}}{A} = \frac{pA_1}{A} = \frac{1.2 \times 10^6 \mathrm{Pa} \times \frac{\pi}{4} \times (400 \times 10^{-3}\mathrm{m})^2}{\frac{\pi}{4} \times (65 \times 10^{-3}\mathrm{m})^2} = 45.4 \text{ MPa} < 50 \text{ MPa}$$

所以活塞杆强度足够。

(2) 螺栓的个数 设每个螺栓所受的拉力为 F_{N2},n 个螺栓所受的拉力与汽缸盖所受的压力相等,即由强度条件有

$$\sigma_{\text{螺栓}} = \frac{F_{N2}}{A_2} = \frac{1.2 \times 10^6 \text{Pa} \times \frac{\pi}{4} \times (400 \times 10^{-3}\text{m})^2}{n\left[\frac{\pi}{4} \times (18 \times 10^{-3}\text{m})^2\right]} \leqslant 40 \text{ MPa}$$

由此可得 $\qquad n \geqslant 14.8$

故选用 15 个螺栓可满足强度要求,但考虑到加工方便,选用 16 个螺栓为好。

例 2-3 图 2-6(a)所示一钢木结构,AB 为木杆,横截面面积 $A_1 = 10 \times 10^3 \text{ mm}^2$,许用应力$[\sigma]_1 = 7 \text{ MPa}$;$BC$ 为钢杆,横截面面积 $A_2 = 600 \text{ mm}^2$,许用应力$[\sigma]_2 = 160 \text{ MPa}$。试求结构的许可载荷 F。

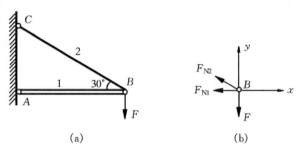

图 2-6

解 取节点 B 进行受力分析,如图 2-6(b)所示。由静力平衡条件可求得 1、2 两杆轴力 F_{N1}、F_{N2} 与载荷 F 间的关系

$$\sum F_x = 0, \quad -F_{N1} - F_{N2}\cos 30° = 0$$

$$\sum F_y = 0, \quad F_{N2}\sin 30° - F = 0$$

得 $\qquad F_{N1} = -1.732F, \quad F_{N2} = 2F$

式中:F_{N1} 为负轴力,表示木杆受压;F_{N2} 为正轴力,表示钢杆受拉。

由木杆的强度条件

$$\frac{F_{N1}}{A_1} \leqslant [\sigma]_1$$

即 $\qquad 1.732F \leqslant 10 \times 10^3 \times 10^{-6} \text{m}^2 \times 7 \times 10^6 \text{Pa}$

得 $\qquad F \leqslant 40.4 \text{ kN}$

由钢杆的强度条件

$$\frac{F_{N2}}{A_2} \leqslant [\sigma]_2$$

即 $\qquad 2F \leqslant 600 \times 10^{-6} \text{m}^2 \times 160 \times 10^6 \text{Pa}$

得 $\qquad F \leqslant 48 \text{ kN}$

为保证结构的安全,应选用上列两个 F 值中的较小者。因此,结构的许可载荷

$$[F] = 40.4 \text{ kN}$$

2.4 斜截面上的应力

上面讨论了轴向拉压时杆件横截面上的应力。为全面了解杆件在不同方位截面上的应力情况,还需研究杆件斜截面上的应力。

图 2-7(a)所示一受轴向拉伸的等直杆,研究与横截面成 α 角的任一斜截面 n-n 上的应力情况。用截面法得到 n-n 斜截面上的内力(图 2-7(b))

$$F_{N\alpha} = F \quad \text{(a)}$$

由于杆内各点的变形是均匀的,因而同一斜截面上的应力也是均匀分布的。设斜截面面积为 A_α,于是斜截面的全应力

$$p_\alpha = \frac{F_{N\alpha}}{A_\alpha} \quad \text{(b)}$$

若杆的横截面面积为 A,则

$$A_\alpha = \frac{A}{\cos\alpha} \quad \text{(c)}$$

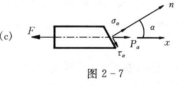

图 2-7

将式(c)代入式(b),并利用式(a),得

$$p_\alpha = \frac{F}{A}\cos\alpha = \sigma\cos\alpha \quad \text{(d)}$$

式中 σ 为杆横截面上的正应力。将全应力 p_α 分解为垂直于斜截面的正应力 σ_α 和沿斜截面的切应力 τ_α(图 2-7(c)),即

$$\left.\begin{array}{l} \sigma_\alpha = \dfrac{\sigma}{2}(1+\cos2\alpha) \\[2mm] \tau_\alpha = \dfrac{\sigma}{2}\sin2\alpha \end{array}\right\} \quad (2-5)$$

从上式可以看出 σ_α 和 τ_α 都是 α 角的函数。对于 α 角的符号作以下规定:从 x 轴逆时针转到 α 截面的外法线 n 时,相应的 α 为正值;反之为负。

切应力的正负号规定如下:截面外法线顺时针转 90°后,其方向和切应力相同时,该切应力为正值,如图 2-8(a)所示;逆时针转 90°后,其方向和切应力相同时,该切应力为负值,如图 2-8(b)所示。

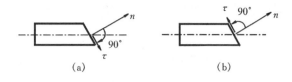

图 2-8

当 $\alpha=0°$ 时，$\sigma_{0°}=\sigma_{max}=\sigma$，即横截面上的正应力是所有截面上正应力中的最大值。当 $\alpha=45°$ 和 $\alpha=-45°$ 时，τ_α 分别为极值，$\tau_{45°}=\tau_{max}=\dfrac{\sigma}{2}$，$\tau_{-45°}=\tau_{min}=-\dfrac{\sigma}{2}$。

2.5 轴向拉伸或压缩时的变形

直杆在轴向拉力作用下，将引起轴向尺寸伸长和横向尺寸缩短；反之，在轴向压力作用下，引起轴向尺寸缩短和横向尺寸增大。

2.5.1 轴向变形

图 2-9 所示等直杆受轴向拉力 F 作用，设杆的原长为 l，横截面面积为 A。变形后杆长由 l 变为 l_1，杆的轴向伸长

$$\Delta l = l_1 - l$$

实验表明：在弹性范围内，杆的伸长 Δl 与拉力 F 及杆的原长 l 成正比，与杆的横截面面积 A 成反比，即

$$\Delta l \propto \dfrac{Fl}{A}$$

引入比例常数 E，得

$$\Delta l = \dfrac{Fl}{EA} \qquad (2-6)$$

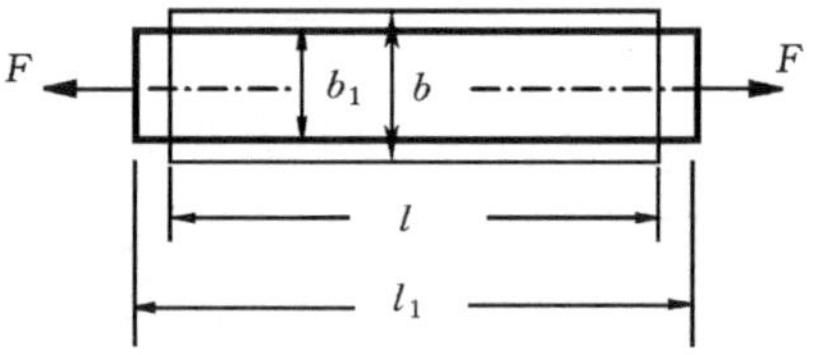

图 2-9

上式同样适用轴向压缩情况。这一关系称为杆件拉伸（压缩）时的**胡克定律**。式中 E 称为材料拉伸（压缩）弹性模量，单位为 GN/m^2（GPa），其数值随材料而异，并由试验确定，碳钢的 E 约为 $200\sim210$ GPa。式(2-6)中 EA 称为杆截面的**抗拉（压）刚度**，它反映了杆件抵抗拉伸（压缩）变形的能力。

式(2-6)常用内力来表示，即

$$\Delta l = \dfrac{F_N l}{EA} \qquad (2-7)$$

由于杆内各点变形均匀，拉杆在轴线方向的线应变

$$\varepsilon = \frac{\Delta l}{l}$$

ε 为正值表示拉应变,负值表示压应变。

把 $\sigma = \frac{F_N}{A}$ 和 $\varepsilon = \frac{\Delta l}{l}$ 代入式(2-7)中,得到胡克定律的另一表达式

$$\sigma = E\varepsilon \tag{2-8}$$

即在弹性范围内,正应力与线应变成正比。

公式(2-7)适用于等截面、常轴力的拉压杆件,式中轴力为代数值。当杆件的轴力或截面变化时,则需用积分计算杆件变形,或分段计算变形再求其代数和。

2.5.2 横向变形

若杆件变形前的横向尺寸为 b,受轴向拉伸后变为 b_1(图2-9),杆的横向变形 $\Delta b = b_1 - b$,则横向线应变为

$$\varepsilon' = \frac{\Delta b}{b} = \frac{b_1 - b}{b}$$

试验表明:在弹性范围内,杆件的横向应变和轴向应变有如下的关系

$$\varepsilon' = -\mu\varepsilon \tag{2-9}$$

上式表明 ε' 和 ε 恒为异号,式中 μ 称为**泊松(Poisson)比**(或**横向变形因数**),是一个无量纲量,其值随材料而异,并由试验确定。

弹性模量 E 和泊松比 μ 是材料的两个弹性常数。表2-2给出一些常用材料 E 和 μ 的约值。

表2-2 几种常用材料 E 和 μ 的约值

材　料	E/GPa	μ
钢	190~210	0.25~0.33
灰铸铁	80~150	0.23~0.27
球墨铸铁	160	0.25~0.29
铜及其合金(黄铜、青铜)	74~130	0.31~0.42
锌及强铝	72	0.33
混凝土	14~35	0.16~0.18
玻璃	56	0.25
橡胶	0.0078	0.47
木材:顺纹	9~12	
横纹	0.49	

例 2-4 试求例 2-1 中等截面钢杆的总长度变化。已知钢的弹性模量 $E=200\ \text{GPa}$。

解 因为钢杆各段的轴力不同,应由胡克定律计算各段的长度变化,全杆的总长度变化等于各段长度变化的代数和,即

$$\Delta l = \Delta l_1 + \Delta l_2 + \Delta l_3$$

$$= \frac{F_{N1} l_1}{EA} + \frac{F_{N2} l_2}{EA} + \frac{F_{N3} l_3}{EA}$$

$$= \frac{-10 \times 10^3\ \text{N} \times 1\ \text{m} + 10 \times 10^3\ \text{N} \times 2\ \text{m} + 30 \times 10^3\ \text{N} \times 1.5\ \text{m}}{200 \times 10^9\ \text{Pa} \times 500 \times 10^{-6}\ \text{m}^2}$$

$$= 0.55 \times 10^{-3}\ \text{m} = 0.55\ \text{mm}$$

例 2-5 图 2-10 所示结构中,AB 杆为刚性杆,杆 1 和杆 2 由同一材料制成,已知 $F=40\ \text{kN}$,$E=200\ \text{GPa}$,$[\sigma]=160\ \text{MPa}$。(1) 按强度条件求两杆所需的面积;(2) 如要求刚性杆 AB 只作向下平移,不能转动,此两杆的横截面面积应为多少?

解 (1) 刚性杆 AB 受力如图 2-10(b) 所示,列静力平衡方程求出 1、2 两杆的轴力。

$$\sum M_A = 0, \quad F_{N2} \times 2\ \text{m} - F \times 0.4\ \text{m} = 0$$

$$F_{N2} = 0.2F = 0.2 \times 40\ \text{kN} = 8\ \text{kN}$$

$$\sum M_B = 0, \quad F_{N1} \times 2\ \text{m} - F \times 1.6\ \text{m} = 0$$

$$F_{N1} = 0.8F = 0.8 \times 40\ \text{kN} = 32\ \text{kN}$$

由式(2-3)得 1、2 两杆的强度条件

$$A_1 \geqslant \frac{F_{N1}}{[\sigma]} = \frac{32 \times 10^3\ \text{N}}{160 \times 10^6\ \text{Pa}} = 0.2 \times 10^{-3}\ \text{m}^2$$

$$= 200\ \text{mm}^2$$

$$A_2 \geqslant \frac{F_{N2}}{[\sigma]} = \frac{8 \times 10^3\ \text{N}}{160 \times 10^6\ \text{Pa}} = 0.05 \times 10^{-3}\ \text{m}^2$$

$$= 50\ \text{mm}^2$$

即 1、2 两杆的横截面面积应分别不小于 $200\ \text{mm}^2$ 和 $50\ \text{mm}^2$。

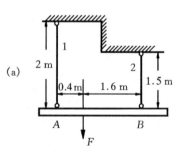

(a)

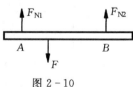

(b)

图 2-10

(2) 要求刚性杆 AB 只作向下平移,不能转动,则 1、2 两杆的变形应相等

$$\Delta l_1 = \Delta l_2$$

代入胡克定律式(2-7)得

$$\frac{F_{N1}l_1}{EA_1} = \frac{F_{N2}l_2}{EA_2}$$

得

$$\frac{A_2}{A_1} = \frac{F_{N2}l_2}{F_{N1}l_1} = \frac{8 \times 10^3 \text{N} \times 1.5 \text{ m}}{32 \times 10^3 \text{N} \times 2 \text{ m}} = \frac{3}{16}$$

即两杆横截面面积之比应为 3/16。

1,2 两杆的横截面面积既要满足强度的要求,又必须满足上述比例。如取 $A_1 = 200 \text{ mm}^2$,则 $A_2 = 37.5 \text{ mm}^2$,显然不能满足杆 2 的强度要求。如取 $A_2 = 50 \text{ mm}^2$,则 $A_1 = 267 \text{ mm}^2$,这样,就满足了两方面的要求。因此,选用

$$A_1 = 267 \text{ mm}^2, \quad A_2 = 50 \text{ mm}^2$$

例 2-6 图 2-11(a)所示等截面石柱的顶端承受均布载荷作用,已知石柱材料的压缩弹性模量 E,单位体积重量 γ 及横截面面积 A。试求石柱的变形。

解 由于石柱受到压力 F 和连续分布载荷(自重)的作用,各横截面上的轴力均不相同,因此不能应用式(2-7)计算整个石柱的变形。为此,从石柱中截取 dx 微段,其受力情况如图 2-11(b)所示,由于 dx 极其微小,可以 x 截面的轴力 $F_N(x) = F + \gamma Ax$,作为微段的轴力,应用式(2-7)求得微段石柱的缩短为

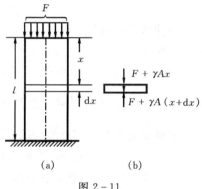

图 2-11

$$d(\Delta l) = \frac{F_N(x)dx}{EA} = \frac{(F + \gamma Ax)dx}{EA}$$

沿石柱全长积分,得到整个石柱的缩短为

$$\Delta l = \int_0^l d(\Delta l) = \int_0^l \frac{F + \gamma Ax}{EA} dx = \frac{Fl}{EA} + \frac{\gamma l^2}{2E}$$

2.6 材料在拉伸时的力学性质

在讨论拉(压)杆的强度和变形计算时,提到材料的某些**力学性质**,如弹性模量 E,泊松比 μ 及破坏应力等,这些都必须通过试验得到。所谓材料的力学性质是指材料在外力作用下表现出的变形和破坏方面的特性。材料力学性质的试验种类较多,这里主要介绍材料在常温、静载下的拉伸和压缩试验,以及通过试验所得到的一些材料力学性质。

2.6.1 拉伸试验

拉伸试验是研究材料力学性质的常用基本试验。国家标准(GB6397—86)规定试件应做成一定的形状和尺寸,即**标准试件**。对于金属材料,圆截面的标准试件如图2-12所示。在试件中间等直部分取一段长度为 l 的工作长度,称为**标距**。标距 l 和直径 d 有两种比例:

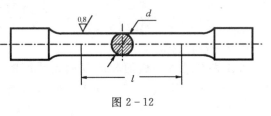

图 2-12

$$5 \text{ 倍试件} \quad l = 5d$$
$$10 \text{ 倍试件} \quad l = 10d$$

拉伸试验在材料试验机上进行,把试件装夹在试验机上,开动机器,使试件受到自零缓慢渐增的拉力 F,于是在试件标距 l 长度内产生相应的变形 Δl,把试验过程中的拉力 F 与对应的变形 Δl 绘制成 $F - \Delta l$ 曲线,称为**拉伸图**。

2.6.2 低碳钢在拉伸时的力学性质

低碳钢是工程上广泛使用的材料,其力学性质具有典型性。图2-13为低碳钢的 $F - \Delta l$ 曲线,曲线和试件的几何尺寸相关,为了消除试件尺寸的影响,得到反映材料性质的图线,通常将纵坐标和横坐标分别除以试件原来的截面面积 A 和长度 l,得到材料的应力 σ 与应变 ε 的关系曲线,称为 **$\sigma\text{-}\varepsilon$ 曲线**或**应力-应变图**,如图2-14所示。

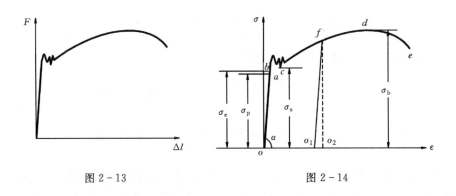

图 2-13 图 2-14

低碳钢的 $\sigma\text{-}\varepsilon$ 曲线可以分为下列几个阶段:
(1) 弹性阶段

图2-14中 $\sigma\text{-}\varepsilon$ 曲线的 oa 段为直线,这时应力与应变成线性关系,即胡克定

律成立

$$\sigma = E\varepsilon$$

这里 a 点对应的应力 σ_p 称为**比例极限**,它是应力与应变成线性关系的最大应力,低碳钢的 σ_p 约为 200 MPa。图中 α 角的正切

$$\tan\alpha = \frac{\sigma}{\varepsilon} = E$$

即直线 oa 的斜率等于材料的弹性模量 E。

应力超过比例极限以后,曲线呈微弯,但只要不超过 b 点,材料仍是弹性的,即卸载后,变形能够完全恢复。b 点对应的应力 σ_e 称为**弹性极限**,它是材料只产生弹性变形的最大应力。由于一般材料 a、b 两点相当接近,工程中对比例极限和弹性极限并不严格区分。

(2) 屈服阶段

当应力超过 b 点增加到某一数值时,σ-ε 曲线上出现一段接近水平线的微小波动线段,变形显著增长而应力几乎不变,材料暂时失去抵抗变形的能力,这种现象称为**屈服**。在屈服阶段内的最高点和最低点分别称为上屈服点和下屈服点,上屈服点所对应的应力值与试验条件相关,下屈服点则比较稳定,通常把下屈服点 c 所对应的应力 σ_s 称为**屈服应力**。低碳钢的 σ_s 约为 240 MPa。

在屈服阶段,经过磨光的试件表面上可看到与试件轴线成 45°的条纹,这是由于材料内部晶格之间产生滑移而形成的,通常称为**滑移线**。因为拉伸时在与杆轴线成 45°的斜截面上,切应力值最大,可见屈服现象与最大切应力有关。

当应力达到屈服应力时,材料将发生明显的塑性变形。工程中的构件产生较大的塑性变形后,就不能正常工作。因此,屈服应力常作为这类构件是否破坏的强度指标。

(3) 强化阶段

超过屈服阶段后,在 σ-ε 曲线上 cd 段,材料又恢复了对变形的抗力,要使它继续变形就必须增加拉力,这种现象称为材料的**强化**。σ-ε 曲线的最高点 d 所对应的应力 σ_b 称为**强度极限**,是材料能承受的最大应力,它是衡量材料性能的另一个强度指标。低碳钢的 σ_b 约为 400 MPa。

(4) 局部变形阶段

应力达到强度极限后,变形就集中在试件某一局部区域内,截面横向尺寸急剧缩小,形成**颈缩现象**(图 2-15)。由于颈缩部分的横截面面积迅速减少,使试件继续伸长所需要的拉力也相应减少。最后试件在颈缩处被拉断(图 2-16)。

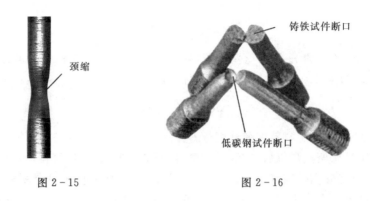

图 2-15　　　　　　　图 2-16

试件拉断后，弹性变形消失，塑性变形仍然保留。试件标距由原长 l 变为 l_1，l_1-l 是残余伸长，它与 l 之比的百分率称为**延伸率**，用 δ 表示，即

$$\delta = \frac{l_1 - l}{l} \times 100\% \tag{2-10}$$

试件断裂时的塑性变形越大，延伸率就越大，因此，延伸率是衡量材料塑性大小的指标。工程上通常将 $\delta \geqslant 5\%$ 的材料称为**塑性材料**，如碳钢、铜、铝合金等；将 $\delta < 5\%$ 的材料称**脆性材料**，如铸铁、玻璃、陶瓷等。低碳钢的 δ 值约为 $20\% \sim 30\%$，是典型的塑性材料。

衡量材料塑性的另一指标是**断面收缩率** ψ，即

$$\psi = \frac{A - A_1}{A} \times 100\% \tag{2-11}$$

式中：A 为试件横截面的初始面积；A_1 为试件被拉断后颈缩处的最小横截面面积。低碳钢的 ψ 值约为 $60\% \sim 70\%$。

当应力超过屈服应力到达 f 点后卸载，则试件的应力、应变将沿着与直线 oa 近似平行的直线 fo_1 回到 o_1 点，如图 2-14 所示，即在卸载过程中，应力和应变按直线规律变化。

若卸载后继续加载，试件的应力和应变将大致沿着卸载时的同一直线 o_1f 上升到 f 点，然后沿着原来的 σ-ε 曲线变化。如果把卸载后重新加载的曲线 o_1fde 和原来的 σ-ε 曲线相比较，可以看出比例极限有所提高，而断裂后的残余变形减小了 oo_1 一段。这种在常温下把材料拉伸到塑性变形，然后卸载，当再次加载时，使材料的比例极限提高而塑性降低的现象称为**冷作硬化**。

工程上常利用冷作硬化来提高某些构件（如钢筋、钢缆绳等）在弹性阶段内的承载能力。冷作硬化虽然提高了材料的比例极限，但同时降低了材料的塑性，增加了脆性。如要消除这一现象，需要经过退火处理。

2.6.3 灰铸铁的拉伸试验

灰铸铁(简称铸铁)也是工程中广泛应用的一种材料。铸铁拉伸时的 σ-ε 曲线如图 2-17 所示。图中没有明显的直线部分,工程上常用 σ-ε 曲线的割线来代替图中曲线的开始部分,并以割线的斜率作为铸铁的弹性模量,称为**割线弹性模量**。铸铁试件受拉伸直到断裂变形很不明显,没有屈服阶段,也没有颈缩现象,破坏断口如图 2-16 所示。铸铁的延伸率 δ 约为 $0.5\%\sim 0.6\%$,是典型的脆性材料,强度极限 σ_b 是衡量其强度的唯一指标。铸铁的拉伸强度极限很低,约为 $120\sim 180$ MPa,不宜用来制作受拉构件。

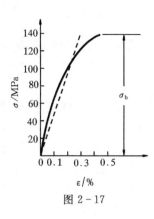

图 2-17

2.6.4 其他塑性材料拉伸时的力学性质

工程中常用的塑性材料除低碳钢外,还有中碳钢、合金钢、铝合金及铜合金等。图 2-18 给出几种塑性材料的 σ-ε 曲线,其中有些材料,如 16Mn 钢和低碳钢的性能相似,有明显的弹性阶段、屈服阶段、强化阶段和局部变形阶段。有些材料,如黄铜、铝合金等,则没有明显的屈服阶段。

对于没有明显屈服阶段的塑性材料,通常以产生 0.2% 残余应变时所对应的应力值作为屈服应力,以 $\sigma_{0.2}$ 表示(图 2-19),称为**条件屈服应力**。

多年来,我国工程界结合本国的资源情况,广泛使用 16Mn 等普通低合金钢,这类钢材除具有低碳钢的一些性质外,还有强度高、综合力学性质好等优点,而生产工艺和成本却与低碳钢相近。

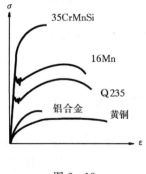

图 2-18

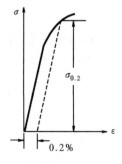

图 2-19

2.7 材料在压缩时的力学性质

金属材料的压缩试件,通常做成短圆柱,以免试验时被压弯。按试验标准,圆柱高度与直径之比在 1~3 范围内选取。混凝土等材料的压缩试件常做成立方体形。

低碳钢压缩时的应力-应变曲线如图 2-20 中实线所示,虚线表示拉伸时的 σ-ε 曲线。在屈服阶段以前,两曲线重合,即低碳钢压缩时的弹性模量 E 和屈服应力 σ_s 都与拉伸时相同。由于低碳钢的塑性好,在屈服阶段后,试件愈压愈扁,不会出现断裂,因此不存在抗压强度极限。

灰铸铁压缩时的 σ-ε 曲线如图 2-21(a)所示。铸铁压缩时,没有明显的直线部分,也没有屈服现象。随压力增加,试件略成鼓形,最后在很小变形下突然断裂,破坏断面与横截面大致成 45°~55°倾角(图 2-21(b)),这说明破坏主要与切应力有关。灰铸铁压缩强度极限比拉伸强度极限高达 3~5 倍,是良好的耐压、减震材料。同时由于灰铸铁价格低廉,在工程中得到广泛应用。

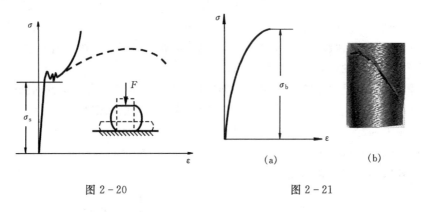

图 2-20　　　　　　　　　图 2-21

其他脆性材料如陶瓷、混凝土、石料等,抗压强度也远高于抗拉强度。因此,脆性材料的压缩试验比拉伸试验更为重要。

2.8 安全因数和许用应力

工程上,为保证结构物或机械能正常工作,不允许构件断裂,也不允许构件产生显著的塑性变形。在这些危险状态下构件的应力称为**破坏应力** σ^0(或**极限应力**)。

材料的破坏应力除以大于 1 的因数 n,就得到许用应力 $[\sigma]$,即

$$[\sigma] = \frac{\sigma^\circ}{n} \qquad (2-12)$$

式中 n 称为**安全因数**。

对于塑性材料的构件,当工作应力达到材料的屈服应力时,就会产生较大的塑性变形而不能正常工作。因此,塑性材料通常以屈服应力 σ_s(或 $\sigma_{0.2}$)为其破坏应力,其许用应力为

$$[\sigma] = \frac{\sigma_s}{n_s} \qquad (2-13)$$

式中 n_s 是按屈服应力规定的安全因数。因为塑性材料的拉伸和压缩的屈服应力相同,故其拉压许用应力也相同。

脆性材料没有屈服应力,以断裂时的强度极限 σ_b 为其破坏应力,其许用应力为

$$[\sigma] = \frac{\sigma_b}{n_b} \qquad (2-14)$$

式中 n_b 是按强度极限规定的安全因数。脆性材料拉伸和压缩的强度极限不同,因而许用拉应力和许用压应力也不相同。

安全因数的选定,关系到构件的安全性与经济性。过高的安全因数会消耗过多的材料;太小的安全因数则又可能使构件不能安全地工作。因此在设计构件时,选择安全因数应该全面、合理地考虑。

确定安全因数时,一般应考虑下列几方面因素:①载荷估计的准确性;②简化过程和计算方法的精确性;③材料的均匀性;④构件的重要性。此外,还应考虑构件的工作条件及使用寿命等因素。

一般机械制造中,在静载荷情况下,安全因数的大致范围为:$n_s = 1.5 \sim 2.0$,$n_b = 2.0 \sim 5.0$。

2.9 应力集中的概念

等截面直杆在轴向拉伸或压缩时,横截面上的应力是均匀分布的。有时为了结构上的需要,一些构件必须有圆孔、切槽、螺纹等,在这些部位上构件的截面尺寸发生突然变化。实验和理论研究表明,在构件形状尺寸发生突变的截面上,应力不再是均匀分布。如图 2-22(a)、(b)所示开有圆孔和带有切口的板条,当其受轴向拉伸时,在圆孔和切口附近的局部区域内,应力急剧增加,而在离开这一区域稍远处,应力迅速降低并趋于均匀。这种由于构件形状尺寸的突变,引起局部应力急剧增大的现象,称为**应力集中**。

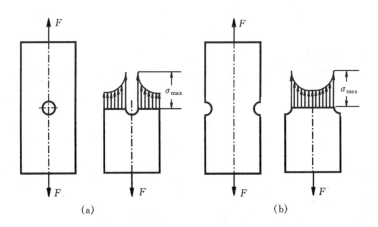

图 2-22

应力集中处的最大应力 σ_{max} 与该截面上平均应力 σ_m 之比,称为**理论应力集中因数**,以 $K_{t\sigma}$ 表示,即

$$K_{t\sigma} = \frac{\sigma_{max}}{\sigma_m} \qquad (2-15)$$

$K_{t\sigma}$ 是应力的比值,与材料无关,它反映了杆件在静载荷下应力集中的程度,是一个大于 1 的因数。实验表明:构件的截面尺寸改变得越急剧,切口越尖锐,孔越小,应力集中的程度就越严重。应力集中现象的存在,会影响构件的承载能力,设计构件时须特别注意这一点。应尽可能避免尖角、槽和小孔等,若构件相邻两段的截面形状和尺寸不同,则要用圆弧过渡,并且在结构允许的范围内,尽可能增大圆弧半径。

各种材料对应力集中的敏感程度并不相同,塑性材料因有屈服阶段,当局部的最大应力 σ_{max} 到达屈服应力时,材料将发生塑性变形,应力不再增大。继续增大的载荷由还未屈服的材料来承担,使材料的屈服区域不断扩大,直至整个横截面上的应力都达到屈服应力而趋于均匀分布,材料的塑性缓和了应力集中,因此在静载荷作用下塑性材料可以不考虑应力集中的影响。脆性材料没有屈服阶段,当应力集中处的最大应力 σ_{max} 达到强度极限 σ_b 时,构件就会首先在该处断裂,所以用脆性材料制成的构件,对应力集中是很敏感的,即使在静载荷下也必须考虑应力集中对构件承载能力的削弱。但对于铸铁一类材料,因其内部组织的不均匀性和缺陷会造成严重的应力集中,而构件外形突变引起的应力集中处于次要地位,可以不考虑。

对承受动载荷作用的构件,不论是塑性材料或是脆性材料,应力集中对构件的强度都有严重的影响,这一问题将在第 10 章中讨论。

2.10 简单拉压超静定问题

2.10.1 超静定问题及其解法

在前面所讨论的问题中,结构的约束反力或构件的内力等未知力只用静力学平衡方程就能确定,这种问题称为**静定问题**。在工程中常有一些结构,其未知力的个数多于静力平衡方程式的个数,如果只用静力平衡条件将不能求解全部未知力,这种问题称为**超静定问题**(或**静不定问题**),未知力个数和静力平衡方程式个数之差称为**超静定次数**(或**阶数**)。

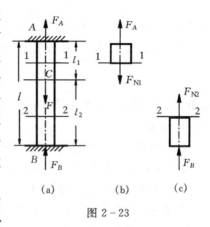

图 2-23

图 2-23(a)所示两端固定杆件,横截面面积为 A,弹性模量为 E。现求施加轴向力 F 后各段的内力。

设 F_A 和 F_B 分别为 A、B 两端的支反力,且方向均向上,可列出静力平衡方程

$$F_A + F_B = F \tag{a}$$

上式中有两个未知力,只有一个静力平衡方程,是一次超静定问题。因此,除了静力平衡方程外,还需找出一个补充方程。

首先分析杆件各部分变形的几何关系,由于杆件两端固定,变形后两端间距离不变,杆的总长度不变,即

$$\Delta l = 0$$

杆件的总变形为 AC 和 CB 两段变形之和,由此得到变形几何方程

$$\Delta l = \Delta l_1 + \Delta l_2 = 0 \tag{b}$$

式(b)是变形应满足的方程,方程中没有所要求的未知力,还需要研究变形和力之间的关系。在杆 AC 段和 CB 段内分别用 1-1 和 2-2 截面截开,如图 2-23(b)和(c)所示,两段的内力为

$$F_{N1} = F_A, \quad F_{N2} = -F_B \tag{c}$$

根据胡克定律得物理方程

$$\left. \begin{array}{l} \Delta l_1 = \dfrac{F_{N1} l_1}{EA} = \dfrac{F_A l_1}{EA} \\[2mm] \Delta l_2 = \dfrac{F_{N2} l_2}{EA} = -\dfrac{F_B l_2}{EA} \end{array} \right\} \tag{d}$$

把式(d)代入式(b),得到补充方程

$$\frac{F_A l_1}{EA} - \frac{F_B l_2}{EA} = 0 \tag{e}$$

联立解(a)、(e)两式,得

$$F_A = \frac{F l_2}{l}, \quad F_B = \frac{F l_1}{l}$$

所得 F_A 和 F_B 均为正值,说明假设方向与实际情况一致。

最后,由式(c)求得 AC 和 CB 两段内力

$$F_{N1} = \frac{F l_2}{l}, \quad F_{N2} = -\frac{F l_1}{l}$$

其中,AC 段轴力 F_{N1} 为正值,CB 段轴力 F_{N2} 为负值。故 AC 段变形为伸长,CB 段变形为缩短。

综上所述,求解超静定问题,除列出静力平衡方程外,还需找出足够数目的补充方程,这些补充方程可由结构各部分变形之间的几何关系,以及变形和力之间的物理关系求得,将补充方程和静力平衡方程联立求解,即可得出全部未知力。

例 2-7 图 2-24(a)所示结构,三杆两端均为铰支,已知 1 和 2 两杆长度、横截面面积及弹性模量相同,即 $l_1 = l_2, A_1 = A_2, E_1 = E_2$。杆 3 的横截面面积为 A_3,弹性模量为 E_3。试求各杆的内力。

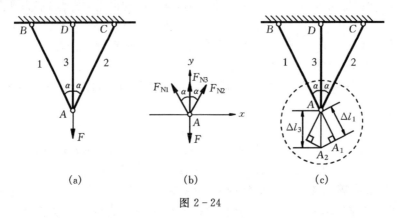

图 2-24

解 设三杆的轴力均为拉力,以节点 A 为研究对象,受力如图 2-24(b)所示,静力平衡方程为

$$\sum F_x = 0, \quad F_{N2}\sin\alpha - F_{N1}\sin\alpha = 0$$

$$\sum F_y = 0, \quad F_{N1}\cos\alpha + F_{N2}\cos\alpha + F_{N3} - F = 0$$

三个未知力,只有两个静力平衡方程,是一次超静定问题。

整个结构在载荷 F 作用下,各杆都伸长了。由于结构的对称,A 点垂直向下

移动,变形后的状态如图 2-24(c)所示(虚线圆内为放大的变形示意图)。由于变形后三个杆件仍需交于一点,为求 A 点新的位置,可假想地将节点 A 拆开,以 B 点为圆心,杆 1 伸长后的长度 BA_1 为半径画一圆弧,该圆弧与 DA 延长线的交点即为 A 点的新位置。因为杆件的变形很小,故可近似地以**切线代替圆弧**,由 A_1 点作 BA_1 的垂线,与 DA 延长线交于 A_2 点,A_2 点即变形后 A 点的新位置(由杆 2 的变形可得到同样的结果)。显然,杆 1 和杆 3 的伸长分别为

$$\Delta l_1 = \overline{AA_1}, \quad \Delta l_3 = \overline{AA_2}$$

由 $\triangle AA_1A_2$ 得到变形几何方程

$$\Delta l_1 = \Delta l_3 \cos\alpha$$

物理方程为

$$\Delta l_1 = \frac{F_{N1} l_1}{E_1 A_1}$$

$$\Delta l_3 = \frac{F_{N3} l_3}{E_3 A_3} = \frac{F_{N3} l_1}{E_3 A_3} \cos\alpha$$

联立静力平衡方程、变形几何方程和物理方程,解得各杆的内力

$$F_{N1} = F_{N2} = \frac{F}{2\cos\alpha + \dfrac{E_3 A_3}{E_1 A_1 \cos^2\alpha}}$$

$$F_{N3} = \frac{F}{1 + \dfrac{2E_1 A_1 \cos^3\alpha}{E_3 A_3}}$$

讨论 由计算结果可以看出,与静定结构相比,在超静定杆系结构中,各杆的内力不仅与载荷和结构的形状相关,而且与各杆之间的相对刚度比有关,一般来说,杆的刚度越大,所受的内力越大。

例 2-8 一结构如图 2-25(a)所示。AB 为刚性杆,钢杆 1、2、3 的弹性模量为 E,1、3 杆的横截面面积均为 A,2 杆的横截面面积为 9A。试求各杆的内力。

解 (1) 静力平衡方程 设 1、2、3 杆均受拉,刚性杆 AB 受力如图 2-25(b)所示。有三个未知力,平行力系只能列出两个静力平衡方程,所以是一次超静定问题。

$$\sum F_y = 0, \quad F_{N1} + F_{N2} + F_{N3} = F$$

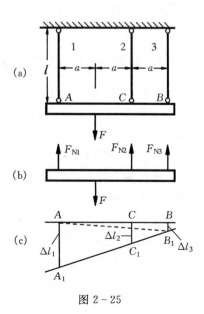

图 2-25

$$\sum M_C = 0, \quad 2F_{N1}a - Fa - F_{N3}a = 0$$

(2) 变形几何方程 图 2-25(c)为结构的变形示意图，刚性杆 AB 保持直线状态。由图中可以看出：杆 1 伸长 Δl_1 到 A_1 点，杆 2 伸长 Δl_2 到 C_1 点，杆 3 伸长 Δl_3 到 B_1 点，由各杆变形之间的关系得变形几何方程

$$\Delta l_2 = \frac{1}{3}\Delta l_1 + \frac{2}{3}\Delta l_3$$

(3) 物理方程

$$\Delta l_1 = \frac{F_{N1}l}{EA}, \quad \Delta l_2 = \frac{F_{N2}l}{9EA}, \quad \Delta l_3 = \frac{F_{N3}l}{EA} \quad (a)$$

联立静力平衡方程、变形几何方程和物理方程，解之得

$$F_{N1} = \frac{4}{9}F, \quad F_{N2} = \frac{2}{3}F, \quad F_{N3} = -\frac{1}{9}F$$

计算结果表明，1、2 杆受拉伸，3 杆受压缩。

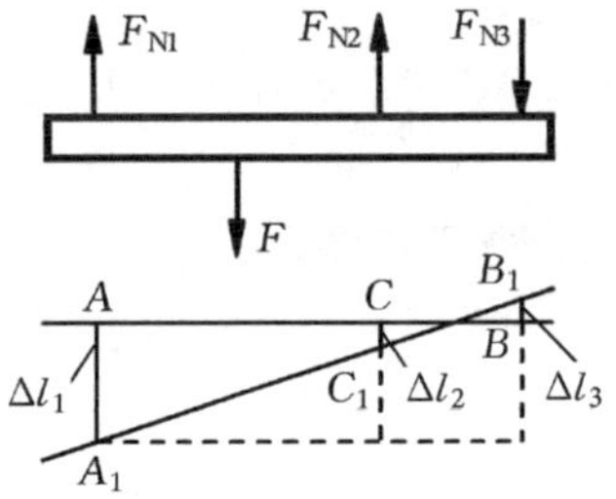

讨论 如果假定 1、2 杆受拉，3 杆受压，刚性杆 AB 受力和 1、2、3 杆的变形示意图如图 2-26(a)、(b)所示。变形几何方程成为

$$\Delta l_1 - \Delta l_2 = \frac{2}{3}(\Delta l_1 + \Delta l_3)$$

计算过程和结果与上述相同，只是 3 杆内力为正值，说明假定正确，3 杆受压。通常在假设力的符号时，要注意到变形的可能性，并使力的符号和变形一致。读者可试举结构的其他可能的变形形式，与上面两种变形形式进行比较。

图 2-26

2.10.2 装配应力和温度应力

加工构件时，尺寸上难免有一些微小误差。对于静定结构，这种微小加工误差只能造成结构几何形状的微小变化，不会引起内力。但对于超静定结构，加工误差要引起内力。在装配时产生的应力称为**装配应力**。图 2-27(a)所示静定结构中，若杆 1 比原设计长度 l 短了 $\delta(\delta \ll l)$，装配后结构形式如虚线所示，在无载荷作用时，杆 1 和 2 均无应力作用。但对图 2-27(b)所示超静定结构

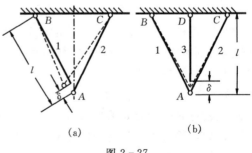

图 2-27

就有不同的结果。若杆3比原设计长度 l 短了 $\delta(\delta \ll l)$，则必须把杆3拉长，杆1和杆2压短，才能装配(如图中虚线所示)。这样，虽未受到载荷作用，但各杆中已有装配应力存在。在工程上，装配应力的存在，一般是不利的，但有时也有意识地利用装配应力以提高结构的承载能力，如在机械制造中的紧配合和土木结构中的预应力钢筋混凝土等。

温度变化将引起物体的热胀或冷缩。静定结构各部分可以自由变形，当温度均匀变化时，并不会引起构件的内力，图 2-28(a)所示一端固定在刚性支承上的等直杆，不计杆的自重，当温度升高时，杆将自由膨胀，杆内没有应力。如把杆的另一端也固定在刚性支承上，当温度升高时，杆的热膨胀受到两端支承的阻碍，即有支反力的作用，从而在杆内产生**温度应力**。当温度升高较大时，所产生的温度应力就非常可观，对构件很不利。工程中，常采用一些措施来减少和预防温度应力的产生。例如，火车钢轨中，两段钢轨间预先留有适当空隙；钢桥桁架一端采用活动铰链支座以及在蒸汽管道中利用伸缩节(图 2-29)等等。

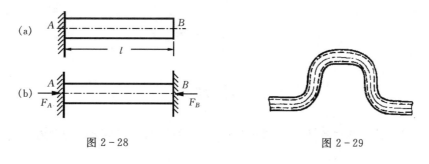

图 2-28　　　　　　　　　图 2-29

复习思考题

2-1　何谓轴力？如何确定轴力的正负号？

2-2　试述正应力公式 $\sigma = \dfrac{F_N}{A}$ 的适用条件。应力超过弹性极限后还能否适用？

2-3　轴向拉伸或压缩时的强度条件是什么？用此强度条件可解决哪些问题？

2-4　何谓弹性与线弹性？胡克定律的适用范围是什么？拉压胡克定律有哪两种形式？

2-5　两个拉杆的长度、横截面面积及载荷均相等，仅材料不同，一个是钢质杆，一个是铝质杆。试说明两杆的应力和伸长是否相等，当载荷增加时，哪个杆首先破坏？

2-6 简述低碳钢材料在拉伸过程中的四个阶段,低碳钢的塑性指标和强度指标有哪些?

2-7 为什么说低碳钢材料经过冷作硬化后,比例极限提高而塑性降低?

2-8 何谓塑性材料和脆性材料?试比较两者的力学性能。

2-9 何谓应力集中现象?应力集中对构件的强度有什么影响?

2-10 超静定问题有何特点?试述超静定问题的求解步骤。

2-11 如何判别结构是否是超静定结构?指出下列结构中,哪些是超静定结构。

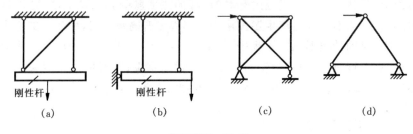

复习题 2-11 图

习　题

2-1 试求图示各杆 1-1,2-2,3-3 截面的轴力,并画出杆的轴力图。

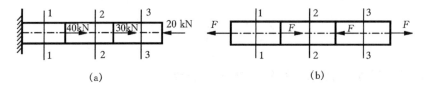

题 2-1 图

2-2 图示螺旋压板夹紧装置。已知螺栓为 M20(螺纹内径 $d=17.3$ mm),许用应力$[\sigma]=50$ MPa。若工件所受的夹紧力为 2.5 kN,试校核螺栓的强度。

2-3 图示结构,A 处为铰链支承,C 处为滑轮,刚性杆 AB 通过钢丝绳悬挂在滑轮上。已知 $F=70$ kN,钢丝绳的横截面面积 $A=500$ mm²,许用应力$[\sigma]=160$ MPa。试校核钢丝绳的强度。

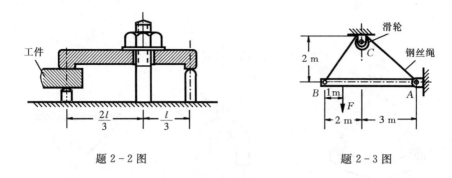

题 2-2 图　　　　　　　　题 2-3 图

2-4　图示为一手动压力机，在物体 C 上所加的最大压力为 150 kN，已知立柱 A 和螺杆 BB 所用材料的许用应力 $[\sigma]=160$ MPa。(1) 试按强度要求设计立柱 A 的直径 D；(2) 若螺杆 BB 的内径 $d=40$ mm，试校核其强度。

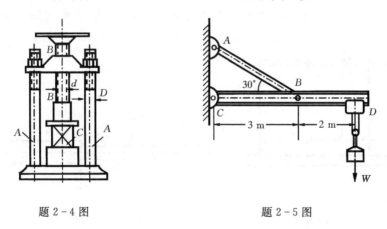

题 2-4 图　　　　　　　　题 2-5 图

2-5　一吊车如图所示，最大起吊重量 $W=20$ kN，斜钢杆 AB 的截面为圆形，$[\sigma]=160$ MPa。试设计 AB 杆的直径。

2-6　图示吊环最大起吊重量 $W=900$ kN，$\alpha=24°$，许用应力 $[\sigma]=140$ MPa。两斜杆为相同的矩形截面，且 $\dfrac{h}{b}=3.4$，试设计斜杆的截面尺寸 h 及 b。

2-7　图示链条的直径 $d=20$ mm，许用应力 $[\sigma]=70$ MPa，试按拉伸强度条件求出链条能承受的最大载荷 F。

2-8　图示结构中 AC 为钢杆，横截面面积 $A_1=200$ mm²，许用应力 $[\sigma]_1=160$ MPa；BC 为铜杆，横截面面积 $A_2=300$ mm²，许用应力 $[\sigma]_2=100$ MPa。试求许用载荷 F。

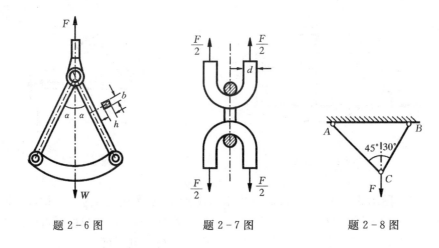

题 2-6 图　　　　　题 2-7 图　　　　　题 2-8 图

2-9　图示结构，AB 为刚性杆，1、2 两杆为钢杆，横截面面积分别为 $A_1=300\ \text{mm}^2$，$A_2=200\ \text{mm}^2$，材料的许用应力 $[\sigma]=160$ MPa。试求结构许可载荷。

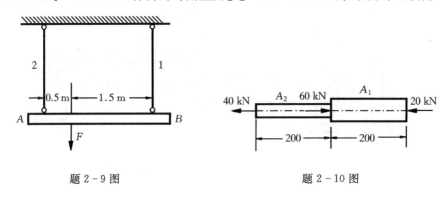

题 2-9 图　　　　　　　　　　题 2-10 图

2-10　变截面直杆如图所示，横截面面积 $A_1=800\ \text{mm}^2$，$A_2=400\ \text{mm}^2$，材料的弹性模量 $E=200$ GPa。试求杆的总伸长。

2-11　图中的 M12 螺栓内径 $d_1=10.1$ mm，螺栓拧紧后，在其计算长度 $l=80$ mm 内产生伸长 $\Delta l=0.03$ mm。已知材料的弹性模量 $E=210$ GPa，试求螺栓内的应力及螺栓的预紧力。

2-12　图示圆台形杆受轴向拉力 F 作用，已知弹性模量 E，试求此杆的伸长。

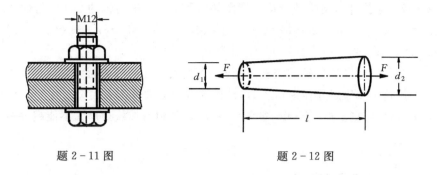

题 2-11 图　　　　　　题 2-12 图

2-13　图示正方形结构的各杆的材料弹性模量 E 相同,横截面面积均为 A。试求各杆的变形。

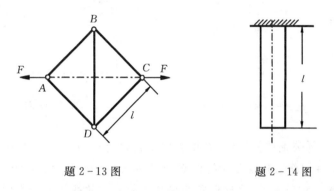

题 2-13 图　　　　　　题 2-14 图

2-14　长度为 l、横截面面积为 A 的等截面直杆被悬吊,其材料的单位体积重量为 γ,弹性模量为 E。试求杆横截面上的应力及杆的伸长。若杆材料的破坏应力为 σ°,杆的长度最长不能超过多少?

2-15　图示支架,AB 为钢杆,BC 为铸铁杆。已知两杆横截面面积均为 $A=400 \text{ mm}^2$,钢的许用应力 $[\sigma]=160$ MPa,铸铁的许用拉应力 $[\sigma]^+=30$ MPa,许用压应力 $[\sigma]^-=90$ MPa。试求许可载荷 F。如将 AB 改用铸铁杆,BC 改用钢杆,这时许可载荷又为多少?

2-16　一拉伸钢试件,$E=200$ GPa,比例极限 $\sigma_p=200$ MPa,直径 $d=10$ mm,在标距 $l=100$ mm 长度上测得伸长量 $\Delta l=0.05$ mm。试求该试件沿轴线方向的线应变 ε,所受拉力及横截面上的应力。

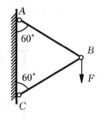

题 2-15 图

2-17 某拉伸试验机的结构示意图如图所示。设试验机的 CD 杆与试件 AB 材料均为低碳钢,其 $\sigma_p = 200$ MPa, $\sigma_s = 240$ MPa, $\sigma_b = 400$ MPa。试验机最大拉力为 100 kN。试求:

(1) 若设计时取试验机的安全因数 $n=2$,则 CD 杆的横截面面积应为多少?

(2) 用这一试验机作拉断试验时,试件的直径最大可达多大?

(3) 若试件直径 $d = 10$ mm,欲测弹性模量 E,则所加载荷最大不能超过多少?

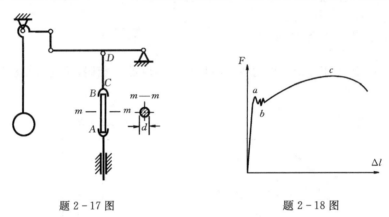

题 2-17 图　　　　　　题 2-18 图

2-18 一低碳钢拉伸试件,在试验前测得试件的直径 $d = 10$ mm,标距长度 $l = 50$ mm,试件拉断后测得颈缩处的直径 $d_1 = 6.2$ mm,标距长度 $l_1 = 58.3$ mm。试件的拉伸图如图所示,图中屈服阶段最高点 a 相应的载荷 $F_a = 22$ kN,最低点 b 相应的载荷 $F_b = 19.6$ kN,拉伸图最高点 c 相应的载荷 $F_c = 33.8$ kN。试求材料的屈服应力、强度极限、延伸率及断面收缩率。

2-19 两端固定的等截面直杆,横截面面积为 A,弹性模量为 E。试求受力后,杆两端的支反力。

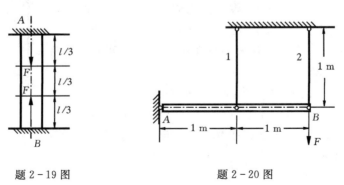

题 2-19 图　　　　　　题 2-20 图

2-20 图示结构，AB 为刚性杆，1 杆和 2 杆为长度相等的钢杆，$E=200$ GPa，$[\sigma]=160$ MPa，两杆横截面面积均为 $A=300$ mm^2。已知 $F=50$ kN，试校核 1、2 两杆的强度。

2-21 图示结构，刚性杆 AB 左端铰支，右端 B 点与 CB 杆和 DB 杆铰接。CB 杆和 DB 杆的刚度均为 EA，试求各杆的内力。

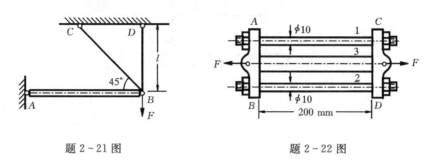

题 2-21 图   题 2-22 图

2-22 两刚性横梁 AB 和 CD 相距 200 mm，用钢螺栓 1、2 联结，弹性模量 $E_1=E_2=200$ GPa。(1) 如将长度为 200.2 mm，横截面面积 $A=600$ mm^2 的铜杆 3 安装在图示位置，$E_3=100$ GPa。试求所需的拉力 F 为多少？(2) 如杆 3 安装好后将力 F 去掉，这时各杆的应力将为多少？

2-23 刚性板重量为 32 kN，由三根立柱支承，长度均为 4 m，左右两根为混凝土柱，弹性模量 $E_1=20$ GPa，横截面面积 $A_1=8\times10^4$ mm^2；中间一根为木柱，弹性模量 $E_2=12$ GPa，横截面面积 $A_2=4\times10^4$ mm^2。试求每根立柱所受的压力。

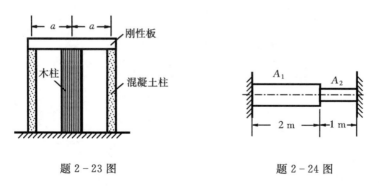

题 2-23 图   题 2-24 图

*2-24 阶梯形钢杆如图所示，于温度 $t_0=15$℃时两端固定在刚性支承上，杆内无应力。试求当温度升至 55℃时，杆内的最大应力。已知材料的 $E=200$ GPa，$\alpha=12.5\times10^{-6}$ K^{-1}，两段横截面面积 $A_1=20\times10^2$ mm^2，$A_2=10\times10^2$ mm^2。

*2-25 一结构如图所示,钢杆 1、2、3 的面积均为 $A = 200 \text{ mm}^2$,弹性模量 $E = 200 \text{ GPa}$,长度 $l = 1$ m。制造时杆 3 短了 $\Delta = 0.8$ mm。试求杆 3 和刚性杆 AB 连接后,各杆的内力。

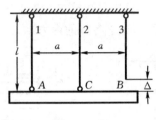

题 2-25 图

第3章 扭转

3.1 概述

在工程中,许多杆件承受扭转变形,例如图3-1(a)所示的传动轴等。这些杆件都是受到一对大小相等、转向相反、作用平面垂直于杆轴线的力偶,杆的任意两个横截面绕轴线发生相对转动,如图3-1(b)。杆件的这种变形形式称为**扭转变形**,通常把主要承受扭转变形的杆件称为**轴**。

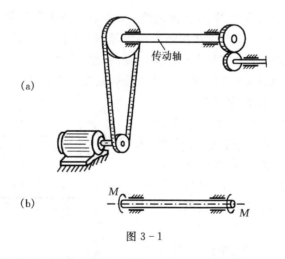

图 3-1

本章着重研究等直圆杆扭转变形时的强度和刚度计算。

3.2 外力偶矩、扭矩和扭矩图

在研究扭转的应力和变形之前,首先要确定作用在杆件上的外力偶矩和横截面上的内力。

已知传动轴的转速和所传递的功率,由动力学可导出轴所受的外力偶矩

$$M = 9\,549\,\frac{P}{n} \quad (\text{N·m}) \tag{3-1}$$

式中:M 为轴所受的外力偶矩,通常称为**转矩**,单位是 N·m;P 为轴所传递的功率,单位是 kW;n 为轴的转速,单位是 r/min。

确定了外力偶矩之后,可用截面法计算横截面的内力。图 3-2(a)所示等直圆杆 AB 在外力偶作用下处于平衡状态,为求其内力,用截面法沿任意横截面 $m-m$ 将杆分为两段。研究左段的平衡(图 3-2(b)),$m-m$ 截面上必有一内力偶 T 与外力偶 M 平衡。由静力平衡条件

$$\sum M_x = 0, \quad T - M = 0$$

得

$$T = M$$

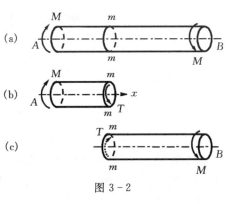

图 3-2

式中 T 是横截面上的内力偶矩,称为**扭矩**。如取右段为研究对象(图 3-2(c)),则求得 $m-m$ 截面的扭矩将与上述扭矩大小相等、转向相反。为使两种方法在同一截面上所得扭矩的数值和符号完全相同,对扭矩的符号作如下规定:按右手螺旋法则,将扭矩用矢量表示,其指向和截面外法线一致时为正扭矩,反之为负扭矩。图 3-2(b)、(c)所示扭矩均为正值。

例 3-1 图 3-3(a)所示一等直圆轴,已知主动轮 B 的输入功率 $P_B=368$ kW,从动轮 A、C 输出功率分别为 $P_A=147$ kW,$P_C=221$ kW,轴的转速 $n=500$ r/min,求圆轴各截面的扭矩。

解 (1) 外力偶矩计算 由式(3-1)得

$$M_B = 9\,549 \frac{P_B}{n}$$

$$= 9\,549 \times \frac{368 \text{ kW}}{500 \text{ r/min}}$$

$$= 7\,028 \text{ N·m}$$

$$M_A = 9\,549 \frac{P_A}{n}$$

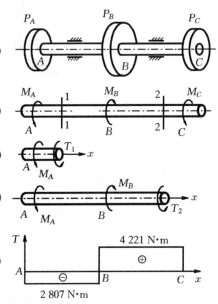

图 3-3

$$= 9\,549 \times \frac{147 \text{ kW}}{500 \text{ r/min}}$$
$$= 2\,807 \text{ N·m}$$
$$M_C = 9\,549\,\frac{P_C}{n} = 9\,549 \times \frac{221 \text{ kW}}{500 \text{ r/min}} = 4\,221 \text{ N·m}$$

(2) 扭矩计算 AB 和 BC 两轴段上各截面的扭矩均为常量，用截面法分别计算两轴段内任意横截面 1-1、2-2 上的扭矩，图中 T_1 和 T_2 都假设为正扭矩，如图 3-3(c)、(d)所示。

在 AB 段，由静力平衡条件 $\sum M_x = 0$，

可得 $\qquad T_1 = -M_A = -2\,807 \text{ N·m}$

在 BC 段，由静力平衡条件 $\sum M_x = 0$，

可得 $\qquad T_2 = M_B - M_A = 7\,028 \text{ N·m} - 2\,807 \text{ N·m} = 4\,221 \text{ N·m}$

式中负号表示扭矩的转向与假设相反，T_1 为负扭矩，T_2 为正扭矩。

(3) 作扭矩图 工程上常用扭矩图表示扭矩沿轴线的变化情况，如图 3-3(e)所示。从图中可看出，最大扭矩在 BC 段($T_{\max} = 4\,221 \text{ N·m}$)。

3.3 圆杆扭转时的应力与强度条件

研究圆杆扭转应力时，由于应力分布是未知的，因此要从研究变形规律入手，然后运用物理关系和静力学关系进行综合分析，建立圆杆扭转时的应力公式。

3.3.1 扭转切应力公式推导

1. 变形几何关系

图 3-4(a)为一端固定的等直圆杆，加载前在其表面画上纵向线和圆周线。然后在杆的自由端加上外力偶 M，圆杆变形如图 3-4(b)所示，在小变形情况下可以观察到：

(1) 各纵向线都倾斜了同一微小的角度 γ。

(2) 各圆周线绕杆轴线转了一个角度，圆周线的形状、大小和圆周线之间的距离均未改变。圆杆右端

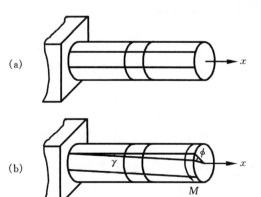

图 3-4

面相对于左端面转过一角度 φ，φ 称为**扭转角**。

根据上述观察到的表面现象，可作出假设：圆杆横截面变形后仍保持为平面，其形状和大小不变，且半径保持直线。这一假设称为**平截面假设**。

由上述假设可得出推论：圆杆扭转时横截面上无正应力。

现在进一步研究变形的规律，为此，从图 3-4(b) 所示变形后的圆杆中，用相距为 dx 的两个横截面截取出一微段杆，如图 3-5(a) 所示，微段左右两个截面的

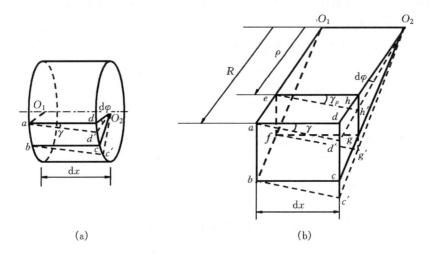

图 3-5

相对扭转角为 $d\varphi$。再用径向截面从微段杆中截取一微小楔形块，如图 3-5(b) 所示。由图可见，圆杆外表面上的矩形 $abcd$ 变成 $abc'd'$，其切应变为 γ。在小变形条件下，由于 γ 很微小，故

$$\gamma \approx \frac{\overline{dd'}}{\overline{ad}} = R\frac{d\varphi}{dx} \tag{a}$$

同理，在半径 ρ 处，矩形 $efgh$ 的切应变为

$$\gamma_\rho \approx \frac{\overline{hh'}}{\overline{eh}} = \rho\frac{d\varphi}{dx} \tag{b}$$

由于同一横截面内各点处 $\dfrac{d\varphi}{dx}$ 是一常量。式(b)表明，横截面上任意点处的切应变 γ_ρ 与该点到圆心的距离 ρ 成正比。

2. 物理关系

试验表明：在弹性范围内，切应力 τ 与切应变 γ 成正比，即

$$\tau = G\gamma \tag{3-2}$$

式(3-2)称为**剪切胡克定律**。式中 G 为材料的**切变模量**,单位为 GN/m^2(GPa),其值由试验确定。

将式(b)代入式(3-2)得

$$\tau_\rho = G\gamma_\rho = G\rho \frac{d\varphi}{dx} \qquad (c)$$

上式表明,横截面上切应力与半径成正比,切应力分布如图 3-6(a)所示。

3. 静力学关系

如图 3-6(b)所示,在距圆心 ρ 处的微面积 dA 上,内力 $\tau_\rho dA$ 对圆心的微力矩为 $(\tau_\rho dA) \cdot \rho$。在整个截面上,所有微力矩之和应等于扭矩 T,即

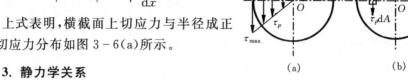

图 3-6

$$T = \int_A \rho \cdot \tau_\rho dA \qquad (d)$$

式中 A 是横截面面积,将式(c)代入式(d)得

$$T = G\frac{d\varphi}{dx}\int_A \rho^2 dA \qquad (e)$$

积分 $\int_A \rho^2 dA$ 只与截面尺寸有关,称为截面的**极惯性矩**,用 I_p 表示,即

$$I_p = \int_A \rho^2 dA \qquad (3-3)$$

于是式(e)可写成

$$\frac{d\varphi}{dx} = \frac{T}{GI_p} \qquad (3-4)$$

将式(3-4)代入式(c)得

$$\tau_\rho = \frac{T\rho}{I_p} \qquad (3-5)$$

式(3-5)为圆杆扭转时横截面上的切应力计算公式,对于空心圆杆同样适用。当 ρ 等于横截面半径 R 时(即圆截面边缘各点),切应力将达到最大值,即

$$\tau_{max} = \frac{TR}{I_p} = \frac{T}{I_p/R}$$

在上式中用 W_p 代替 I_p/R,则有

$$\tau_{max} = \frac{T}{W_p} \qquad (3-6)$$

式中 W_p 称为**扭转截面系数**。

3.3.2 I_p 与 W_p 的计算

计算极惯性矩 I_p 时,可取厚度为 $d\rho$ 的圆环作微面积 dA(图 3-7(a)),即 dA

$=2\pi\rho \cdot d\rho$,从而得圆截面的极惯性矩为

$$I_p = \int_A \rho^2 dA = \int_0^{\frac{D}{2}} \rho^2 \cdot 2\pi\rho \cdot d\rho$$

$$= \frac{\pi D^4}{32} \qquad (3-7)$$

由此可得圆截面的扭转截面系数

$$W_p = \frac{I_p}{R} = \frac{\pi D^3}{16} \qquad (3-8)$$

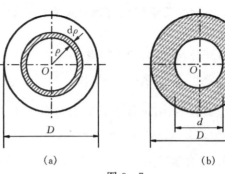

图 3-7

对于空心圆杆(图 3-7(b)),设内、外径分别为 d 和 D,其比值 $\alpha = d/D$,可得

$$I_p = \int_A \rho^2 dA = \int_{\frac{d}{2}}^{\frac{D}{2}} 2\pi\rho^3 \cdot d\rho = \frac{\pi D^4}{32}(1-\alpha^4) \qquad (3-9)$$

扭转截面系数为

$$W_p = \frac{I_p}{R} = \frac{I_p}{D/2} = \frac{\pi D^3}{16}(1-\alpha^4) \qquad (3-10)$$

I_p 的量纲是长度的四次方,常用单位是 m^4 或 mm^4,W_p 的量纲是长度的三次方,常用的单位是 m^3 或 mm^3。

3.3.3 圆杆扭转的强度条件

为了保证扭转时的强度,必须使最大切应力不超过许用切应力 $[\tau]$。圆杆强度条件为

$$\tau_{max} = \frac{T}{W_p} \leq [\tau] \qquad (3-11)$$

$[\tau]$ 是材料的许用切应力,在静载荷的情况下,它与许用正应力 $[\sigma]$ 有如下大致关系:

对于塑性材料 $[\tau]=(0.5\sim0.6)[\sigma]$

对于脆性材料 $[\tau]=(0.8\sim1)[\sigma]$

例 3-2 汽车传动轴 AB 如图 3-8 所示。外径 $D=90$ mm,内径 $d=85$ mm,许用切应力 $[\tau]=60$ MPa。工作时的最大转矩为 $M=1.5$ kN·m。(1) 校核 AB 轴的强度;(2) 若改为实心轴,且其强度与空心轴相同,试确定实心轴外径 D_1;(3) 比较实心轴与空心轴的重量。

图 3-8

解 (1) 强度校核

$$\alpha = \frac{d}{D} = \frac{85 \text{ mm}}{90 \text{ mm}} = 0.944$$

扭转截面系数为

$$W_p = \frac{\pi D^3}{16}(1-\alpha^4) = \frac{\pi}{16} \times (90 \times 10^{-3} \text{ m})^3 \times (1-0.944^4)$$
$$= 29 \times 10^{-6} \text{ m}^3$$

$$\tau_{max} = \frac{T}{W_p} = \frac{1.5 \times 10^3 \text{ N·m}}{29 \times 10^{-6} \text{ m}^3} = 51.7 \text{ MPa} < [\tau]$$

所以,空心轴强度足够。

(2) 设计实心轴直径 D_1 因为要求实心轴的强度和空心轴相同,故

$$\tau_{1max} = \frac{T}{W_{p1}} = \tau_{max} = \frac{T}{W_p}$$

即要求

$$W_{p1} = W_p$$

由式(3-8)和(3-10)得

$$D_1^3 = D^3(1-\alpha^4)$$
$$D_1 = D\sqrt[3]{1-\alpha^4} = 90 \text{ mm} \times \sqrt[3]{1-0.944^4} = 53.1 \text{ mm}$$

(3) 比较两轴的重量 由于两轴材料和长度相同,两轴的重量比即为面积比,即

$$\frac{W_1}{W} = \frac{A_1}{A} = \frac{\pi D_1^2/4}{\pi D^2(1-\alpha^2)/4} = \frac{D_1^2}{D^2(1-\alpha^2)} = \frac{(53.1 \text{ mm})^2}{(90 \text{ mm})^2 \times (1-0.944^2)} = 3.2$$

讨论 由计算结果可知,在承载能力相同的条件下,采用空心轴较经济。因此工程中常将轴制成空心的。

3.4 圆杆扭转时的变形与刚度条件

3.4.1 圆杆的扭转变形

圆杆的扭转变形是用两截面间的相对扭转角 φ 来度量的,由式(3-4)即可求得长为 l 的圆杆扭转角的计算公式

$$\varphi = \int_l \mathrm{d}\varphi = \int_0^l \frac{T}{GI_p}\mathrm{d}x$$

对于等截面圆杆,若只在两端受外力偶作用,由于 T 和 GI_p 均为常量,于是上式积分得

$$\varphi = \frac{Tl}{GI_p} \quad (3-12)$$

式中:φ 的单位为弧度(rad),GI_p 称为截面的**抗扭刚度**,反映圆杆抵抗扭转变形的能力。

对于阶梯轴,或扭矩分段变化的情况,则应分段计算相对扭转角,再求其代数和。

3.4.2 刚度条件

工程中,某些轴类零件除应满足强度要求外,还不应有过大的扭转变形,即要满足一定的刚度条件。特别是一些精密机械,刚度要求往往起着更为重要的作用。通常是限制圆轴单位长度扭转角 θ,使其不超过某一规定的许用值$[\theta]$,即刚度条件为

$$\theta = \frac{\varphi}{l} = \frac{T}{GI_p} \leqslant [\theta] \quad (\text{rad/m})$$

式中$[\theta]$称为**单位长度许用扭转角**,其单位通常规定为°/m(度/米),把上式的弧度换算为度,得

$$\theta = \frac{T}{GI_p} \times \frac{180}{\pi} \leqslant [\theta] \quad (°/m) \quad (3-13)$$

式中单位长度许用扭转角$[\theta]$是根据载荷性质及圆轴的使用要求来规定的。精密机器轴的$[\theta]$常取在 $0.25 \sim 0.5$ °/m 之间;一般传动轴则可取 2 °/m 左右,具体数值可查有关机械设计手册。

例 3-3 图 3-9(a)所示阶梯圆杆受扭转,已知 $M_1 = 1.8 \text{ kN·m}$,$M_2 = 1.2 \text{ kN·m}$,$l_1 = 750 \text{ mm}$,$l_2 = 500 \text{ mm}$,$d_1 = 75 \text{ mm}$,$d_2 = 50 \text{ mm}$,$G = 80 \text{ GPa}$。试求 C 截面对 A 截面的相对扭转角和圆杆的最大单位长度扭转角 $\theta_{\max}$。

解 (1) 作扭矩图 用截面法分别计算两段杆的扭矩为

$T_1 = M_2 - M_1 = 1.2 \text{ kN·m} - 1.8 \text{ kN·m}$
$\quad = -0.6 \text{ kN·m}$
$T_2 = M_2 = 1.2 \text{ kN·m}$

圆杆的扭矩图如图 3-9(b)所示。

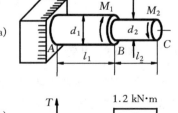

(2) 计算扭转变形 由于扭矩 T 和 I_p 沿轴线变化,故需分段计算扭转角,再求其代数和,由式(3-12)得

$$\varphi_{CA} = \varphi_{BA} + \varphi_{CB}$$
$$= \frac{T_1 l_1}{GI_{p1}} + \frac{T_2 l_2}{GI_{p2}}$$

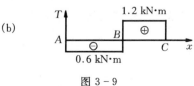

图 3-9

$$= -\frac{32 \times 0.6 \times 10^3 \text{N·m} \times 750 \times 10^{-3} \text{m}}{80 \times 10^9 \text{N/m}^2 \times \pi \times (75 \times 10^{-3} \text{m})^4} +$$

$$\frac{32 \times 1.2 \times 10^3 \text{N·m} \times 500 \times 10^{-3} \text{m}}{80 \times 10^9 \text{N/m}^2 \times \pi \times (50 \times 10^{-3} \text{m})^4}$$

$$= -0.001\ 8\ \text{rad} + 0.012\ 2\ \text{rad} = 0.010\ 4\ \text{rad}$$

最大单位长度扭转角发生在 BC 段

$$\theta_{\max} = \frac{\varphi_{CB}}{l} = \frac{0.012\ 2\ \text{rad}}{500 \times 10^{-3} \text{m}} = 0.024\ 4\ \text{rad/m} = 1.4\ °/\text{m}$$

例 3-4 已知例 3-1 中传动轴材料的切变模量 $G=80$ GPa，许用切应力 $[\tau]=70$ MPa，单位长度许用扭转角 $[\theta]=1\ °/\text{m}$，试设计该轴的直径。

解 轴的最大扭矩发生在 BC 段，$T_{\max}=4\ 221$ N·m，因此，传动轴直径应由 BC 段的强度和刚度条件综合确定。按强度条件式(3-11)得

$$D \geqslant \sqrt[3]{\frac{16 T_{\max}}{\pi[\tau]}} = \sqrt[3]{\frac{16 \times 4\ 221\ \text{N·m}}{\pi \times 70 \times 10^6 \text{N/m}^2}} = 0.067\ 5\ \text{m} = 67.5\ \text{mm}$$

由强度条件可选轴的直径 $D=68$ mm。

按刚度条件式(3-13)得

$$D \geqslant \sqrt[4]{\frac{32 T_{\max} \times 180}{G[\theta] \pi^2}} = \sqrt[4]{\frac{32 \times 4\ 221\ \text{N·m} \times 180}{80 \times 10^9 \text{N/m}^2 \times 1/\text{m} \times \pi^2}}$$

$$= 0.074\ 5\ \text{m} = 74.5\ \text{mm}$$

由刚度条件可选轴的直径 $D=75$ mm。为同时满足强度和刚度要求，选直径 $D=75$ mm。

***例 3-5** 两端固定的等直圆杆 AB 如图 3-10(a)所示，在 C 处受一转矩 M 作用。已知圆杆的抗扭刚度 GI_p，试求圆杆的支反力偶矩。

解 解除圆杆两端支座约束，用支反力偶矩 M_A 和 M_B 代替，如图 3-10(b)所示。列圆杆静力平衡方程

$$\sum M_x = 0, \quad M_A + M_B - M = 0 \tag{a}$$

有两个未知量，只有一个平衡方程，是一次扭转超静定问题，需建立一个补充方程。

由圆杆两端的约束条件可知，A 截面与 B 截面的相对扭转角等于零，故变形条件为

$$\varphi_{AB} = \varphi_{AC} + \varphi_{CB} = 0 \tag{b}$$

圆杆 AC 段和 CB 段的扭矩分别为

$$T_1 = -M_A, \quad T_2 = M_B$$

由式(3-12)得物理方程

$$\varphi_{AC} = \frac{T_1 l_1}{GI_p} = -\frac{M_A l_1}{GI_p}, \quad \varphi_{CB} = \frac{T_2 l_2}{GI_p} = \frac{M_B l_2}{GI_p} \tag{c}$$

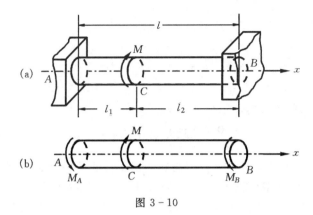

图 3-10

将式(c)代入式(b)得

$$-\frac{M_A l_1}{GI_p} + \frac{M_B l_2}{GI_p} = 0 \tag{d}$$

联立求解式(a)和式(d)得

$$M_A = \frac{l_2}{l}M, \quad M_B = \frac{l_1}{l}M$$

讨论 和拉压超静定问题一样,求解扭转超静定问题需考虑静力平衡方程,变形几何方程及物理方程三个方面。

***例 3-6** 图 3-11(a)所示圆柱形密圈螺旋弹簧(即螺旋升角 α 小于 $5°$ 的弹簧),沿弹簧轴线承受压力 F。设弹簧的平均直径为 D,弹簧丝的直径为 d,试分析弹簧的应力。

解 应用截面法,以过弹簧轴线的平面将簧丝截开,并研究上部分的平衡,如图 3-11(b)所示。由于 α 角很小,簧丝的截面可以近似看成是横截面,于是簧丝横截面与外力 F 在同一平面。根据静力平衡条件,横截面上存在剪力 F_S 和扭矩 T(图 3-11(c)),其值分别为

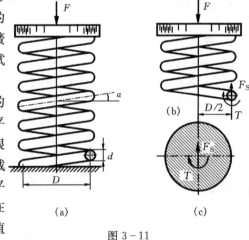

图 3-11

$$F_S = F, \quad T = \frac{FD}{2}$$

剪力在簧丝的横截面上产生切应力,但当弹簧的平均直径 D 远大于簧丝的直

径 $d(D/d \geqslant 10)$ 时,剪力引起的切应力远小于扭转引起的切应力,只需要考虑扭转产生的切应力,由式(3-6)得簧丝横截面的最大切应力

$$\tau_{max} = \frac{T}{W_p} = \frac{\dfrac{FD}{2}}{\dfrac{\pi d^3}{16}} = \frac{8FD}{\pi d^3} \qquad (3-14)$$

当 $D/d<10$ 时,应考虑剪力 F_S 引起的切应力和簧丝曲率的影响,其修正公式为

$$\tau_{max} = \frac{4c+2}{4c-3} \cdot \frac{8FD}{\pi d^3} \qquad (3-15)$$

式中 $c=D/d$。

这样,弹簧的强度条件为

$$\tau_{max} \leqslant [\tau]$$

式中 $[\tau]$ 为簧丝材料扭转时的许用切应力。

进一步的理论研究可知弹簧的整体变形(缩短或伸长) Δ 为

$$\Delta = \frac{F}{K}$$

式中

$$K = \frac{Gd^4}{8D^3 n}$$

称为**弹簧刚度**,单位为 N/m,其中 G 为簧丝材料的切变模量,n 为弹簧的有效工作圈数。

3.5 圆杆扭转的应力分析

扭转试验表明:不同材料制成的圆杆在扭转破坏时,其断口的形式各不相同。塑性材料(如低碳钢)破坏断口是沿着横截面发生的(图3-12(a)),脆性材料(如铸铁)是沿与轴线成45°的螺旋曲面开裂的(图3-12(b))。为了分析这些破坏原

图 3-12

因,必须进一步分析圆杆表层一点的受力情况。

3.5.1 切应力互等定理

围绕受扭圆杆表面一点 A 截取一微小的瓦形块,如图 3-13(a)所示。由于其

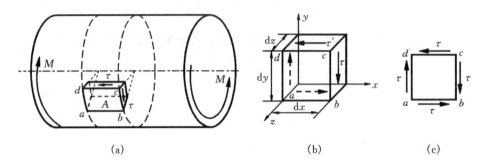

图 3-13

边长非常小,可用一微小单元体来代替,该单元体左右两个截面是横截面,由前面的讨论可知,这两个截面上都有切应力 τ 存在,且大小相等,方向相反,如图 3-13(b)所示。左右两截面上的切应力形成微力偶矩 $(\tau dydz)dx$,因为单元体处于平衡状态,其上必存在另一个等值、反向的微力偶矩与之平衡。显然,在上下两个截面有一对大小相等、方向相反的切应力 τ',且形成另一微力偶矩 $(\tau' dxdz)dy$。由单元体对 z 轴的合力矩为零,有

$$(\tau dydz)dx = (\tau' dxdz)dy$$

得

$$\tau = \tau' \qquad (3-16)$$

上式表明:在单元体互相垂直的截面上,垂直于截面交线的切应力必成对存在,大小相等,方向则均指向或都背离此交线,称为**切应力互等定理**。这一定理具有普遍意义,不论是从受扭圆杆还是从其他变形的构件中截出的单元体,此定理都适用。

图 3-13(b)所示只有切应力的单元体的受力情况,称为**纯剪切**,其平面视图如图 3-13(c)所示。

3.5.2 单元体斜截面应力

现在研究图 3-13(c)所示的单元体斜截面上的应力,这些斜截面均垂直于纸面(图 3-14(a)),其外法线 n 与 x 轴夹角用 α 表示。

设斜截面 ml 的面积为 dA,正应力及切应力分别以 σ_α 和 τ_α 表示(图 3-14(b))。关于角度 α、正应力及切应力的正负号规定仍与第 2 章相同。沿截面法向 n

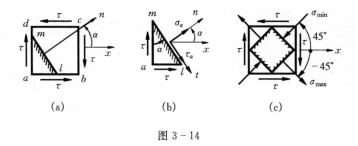

图 3-14

和切向 t 列平衡方程，即

$$\sum F_n = 0, \quad \sigma_\alpha dA + (\tau dA\cos\alpha)\sin\alpha + (\tau dA\sin\alpha)\cos\alpha = 0$$

$$\sum F_t = 0, \quad \tau_\alpha dA - (\tau dA\cos\alpha)\cos\alpha + (\tau dA\sin\alpha)\sin\alpha = 0$$

将上两式整理后得

$$\left.\begin{array}{l}\sigma_\alpha = -\tau\sin2\alpha \\ \tau_\alpha = \tau\cos2\alpha\end{array}\right\} \tag{3-17}$$

由式(3-17)可知：

$$\sigma_{max} = \sigma_{-45°} = \tau, \quad \sigma_{min} = \sigma_{45°} = -\tau$$

$$\tau_{max} = \tau_{0°} = \tau, \quad \tau_{min} = \tau_{90°} = -\tau$$

即最大拉应力和最大压应力分别在 $\alpha=-45°$ 和 $\alpha=45°$ 的截面上，最大和最小切应力分别在 0°和 90°截面上，其绝对值均等于 τ（图 3-14(c)）。

3.5.3 破坏分析

低碳钢等塑性材料，其抗拉与抗压的屈服强度相等，但抗剪能力较差，由于最大切应力，发生在横截面上，所以扭转时沿横截面被剪断。对于灰铸铁等脆性材料，抗压能力最强，抗剪能力次之，抗拉能力最差，故扭转时实际上是被拉断的，裂缝首先出现在与最大拉应力相垂直的 45°斜面上。

3.6 非圆截面杆扭转的概念

除圆截面杆扭转外，工程上还可能遇到非圆截面杆件的扭转问题。例如，内燃机、压缩机曲轴的曲柄臂等都有矩形截面杆的扭转问题。实验指出，非圆截面杆扭转变形后，横截面不再是平面，而发生**翘曲**，如图 3-15(b)所示，这是非圆截面杆扭转时的一个重要特征。由于截面的翘曲，平截面假设不再成立，因而前述的圆杆扭转公式不再适用于非圆截面杆。

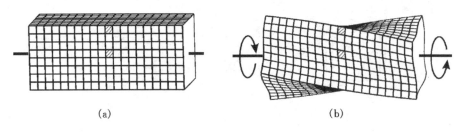

图 3-15

根据弹性理论的研究结果,矩形截面杆扭转时,横截面上的切应力分布如图 3-16 所示,图中画出了沿对称轴、对角线和周边的切应力分布情况。根据切应力互等定理,截面周边上各点的切应力平行于周边,角点处的切应力为零。最大切应力 τ_{max} 发生在长边中点处(A 点),即距形心最近的周边处,这和圆截面杆的结果不同。

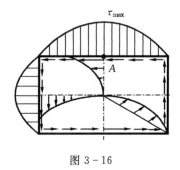

图 3-16

复习思考题

3-1 试用动力学理论推导转矩、功率及转速之间的关系式(3-1),并解释车床变速箱中的齿轮轴,在传递相同的功率时,一般情况下,转速高的轴直径比转速低的轴直径要小。

3-2 何谓扭矩?扭矩的正负号如何确定?

3-3 圆杆扭转时切应力公式是如何建立的?有些什么假设?在横截面上切应力是如何分布的?

3-4 两根直径和长度相同而材料不同的圆杆承受相同扭矩时,最大切应力和扭转角是否相同?为什么?

3-5 从扭转强度方面考虑,为什么空心圆杆比实心圆杆合理?

3-6 何谓单位扭转角?何谓扭转刚度?圆杆扭转刚度条件是什么?

3-7 试述切应力互等定理。何谓纯剪切应力状态?

3-8 塑性材料和脆性材料制成的圆杆,其扭转破坏断口有什么不同?为什么?

3-9 非圆截面杆和圆截面杆扭转时的变形有什么差别?矩形截面杆扭转时,横截面上哪点的切应力最大?

习 题

3-1 试画出图示各杆的扭矩图,并确定最大扭矩,已知 $M=10$ N·m。

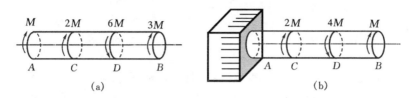

题 3-1 图

3-2 图示空心圆杆外径 $D=100$ mm,内径 $d=80$ mm,已知扭矩 $T=6$ kN·m,$G=80$ GPa,试求:

(1) 横截面上 A 点($\rho=45$ mm)的切应力和切应变;

(2) 横截面上最大和最小的切应力;

(3) 画出横截面上切应力沿直径的分布图。

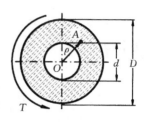

题 3-2 图

3-3 一小型水电站的水轮机功率 50 kW,转速 $n=300$ r/min,主轴的直径为 75 mm,许用切应力 $[\tau]=20$ MPa。试校核主轴的扭转强度。

3-4 一钢轴直径 $d=50$ mm,转速 $n=120$ r/min,若轴的最大切应力等于 60 MPa,问此时该轴传递的功率是多少千瓦? 当轴的转速提高一倍,其余条件不变时,轴的最大切应力为多少?

3-5 两根长度和横截面面积均相等的钢质实心轴和铜质空心轴(内外径比 $\alpha=0.6$),钢材的 $[\tau]=80$ MPa,铜材的 $[\tau]=50$ MPa。若从强度条件考虑,哪一根轴能承受较大的扭矩?

3-6 图示传动轴,转速 $n=100$ r/min,B 为主动轮,输入功率 100 kW,A、C、D 为从动轮,输出功率分别为 50 kW、30 kW 和 20 kW。(1)试画出杆的扭矩图;(2)若将 A、B 轮位置互换,试分析轴的受力是否合理?(3)若 $[\tau]=60$ MPa,试设计轴的直径 d。

3-7 图示 AB 轴的转速 $n=120$ r/min,B 轮输入功率 $P=45$ kW,此功率的一半通过锥形齿轮传给垂直轴 C,另一半由水平轴 H 传出。已知 $D_1=600$ mm,$D_2=240$ mm,$d_1=100$ mm,$d_2=80$ mm,$d_3=60$ mm,$[\tau]=20$ MPa,试对各轴进行强度校核。

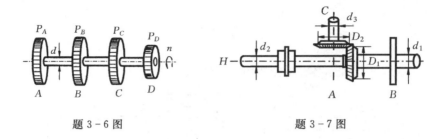

题 3-6 图　　　　　　　　题 3-7 图

3-8　截面为实心和空心的两根受扭圆杆，材料、长度和受力情况均相同。实心杆直径为 d，空心杆外径为 D，内径为 d_0，且 $d_0/D=0.8$。试求当两轴具有相同强度（$\tau_{\max实}=\tau_{\max空}$）时的重量比和刚度比。

3-9　实心轴和空心轴通过牙嵌式离合器连接在一起。已知轴的转速 $n=98$ r/min，传递功率 $P=7.35$ kW，材料的许用切应力 $[\tau]=40$ MPa。试选择实心轴直径 d_1，以及内外径比值为 $1/2$ 的空心轴的外径 D_2。

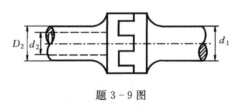

题 3-9 图

3-10　已知一起重机实心传动轴的转速 $n=27$ r/min，所传递功率 $P=3$ kW，许用切应力 $[\tau]=40$ MPa，切变模量 $G=80$ GPa，单位长度许用扭转角 $[\theta]=2\,°/\text{m}$，试设计轴的直径 d。

3-11　阶梯轴直径分别为 $d_1=40$ mm，$d_2=70$ mm，轴上装有三个轮盘如图所示，从轮 B 输入功率 $P_B=30$ kW，轮 A 输出功率 $P_A=13$ kW，轴作匀速转动，转速 $n=200$ r/min，$[\tau]=60$ MPa，$G=80$ GPa，单位长度许用扭转角 $[\theta]=2\,°/\text{m}$，试校核轴的强度与刚度。

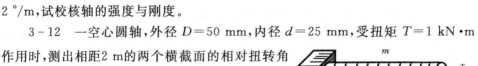

题 3-11 图

3-12　一空心圆轴，外径 $D=50$ mm，内径 $d=25$ mm，受扭矩 $T=1$ kN·m 作用时，测出相距 2 m 的两个横截面的相对扭转角 $\Delta\varphi=2.5\,°$。试求材料的切变模量 G。

3-13　图示等直圆杆受集度为 m(N·m/m) 的均布扭转力偶矩作用。试画出此杆的扭矩图，并导出 B 截面的扭转角的计算公式。已知圆杆的

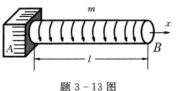

题 3-13 图

抗扭刚度 GI_p。

*3-14　一阶梯形圆截面杆,两端固定后,在 C 处受一转矩 M。已知 GI_p 及 a,试求支反力偶矩 M_A 及 M_B。

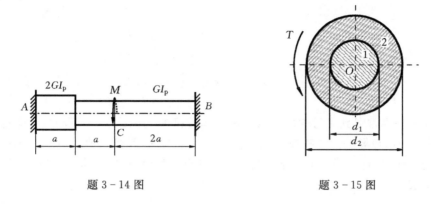

题 3-14 图　　　　　　题 3-15 图

*3-15　一组合杆件由实心杆 1 和套管 2 组成,其截面如图所示,杆长相同,受扭矩 T 作用时,两杆间无相对滑动。试求:(1)当两者切变模量 G 相同时,杆 1 和套管 2 的最大切应力;(2)当实心杆和套管的切变模量分别为 G_1 及 G_2 时,两者各承担多少扭矩?

第4章 弯曲内力

4.1 概述

工程中经常遇到受弯构件,例如,桥式起重机的大梁(图4-1(a)),火车的轮轴(图4-2(a))等等。这些杆件在过杆轴线的平面内,受到垂直于杆轴线的横向力或力偶作用,杆轴线弯成一条曲线。这种变形称为**弯曲**,以弯曲变形为主的杆件常称为**梁**。

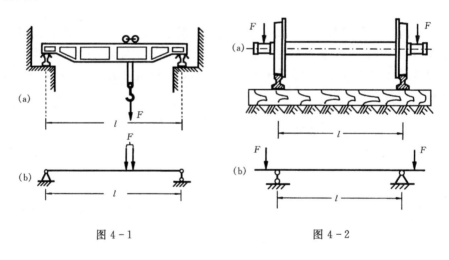

图4-1   图4-2

本章主要讨论梁的内力计算,它是梁的强度和刚度设计的基础。

4.2 梁的简化及其典型形式

工程上,梁的几何形状、支承条件和载荷情况一般都比较复杂,在实际计算时,首先要对梁进行适当的简化,用一个能反映实际构件特征的计算简图代替梁。

4.2.1 梁的简化

通常在分析梁时,以梁轴线代替实际梁,取两个支承中线间的距离作为梁的长

度 l,称为**跨度**。

4.2.2 载荷的简化

梁上的载荷按其作用方式可简化为三种类型(图4-3):

(1) 集中力　分布在很短一段梁上的横向力,可以简化为作用在梁上一点的集中力,其常用单位为 N 和 kN。

(2) 分布载荷　沿梁的全部或部分长度连续分布的横向力称为**线分布载荷**,通常用沿轴线的载荷集度 $q(x)$ 来表示。常用的单位是 N/m 或 kN/m。当分布载荷是均匀分布时,$q(x)$ 为常数,称为**均布载荷**。

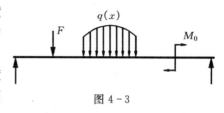

图 4-3

(3) 集中力偶　分布在很短一段梁上的力形成一个力偶时,可简化为一个集中力偶,该力偶作用在梁的纵向平面内。集中力偶的常用单位是 N·m 和 kN·m。

4.2.3 支座形式和支反力

梁的支座按其对位移的约束情况可分为三种:

(1) 固定端　其简化形式如图4-4(a)所示。这种支座限制梁端截面的移动和转动。因此,它对梁端有三个约束,相应地有三个支反力,即水平支反力 F_x、垂直支反力 F_y 和支反力偶 M_0。

(2) 固定铰支座　其简化形式如图4-4(b)所示。这种支座限制梁在支座处截面沿水平和铅垂方向移动,因此,它对梁有两个约束,相应地有两个支反力,即水平支反力 F_x 和垂直支反力 F_y。

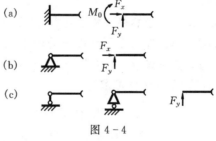

图 4-4

(3) 可动铰支座　其简化形式如图4-4(c)所示。这种支座只限制梁在支座处截面沿铅垂方向移动,因此,它对梁仅有一个约束,相应地只有一个支反力,即垂直支反力 F_y。

4.2.4 梁的典型形式

支反力可以由静力平衡方程直接确定的梁称为**静定梁**。根据支座的类型和位置,静定梁有三种基本形式:

(1) 悬臂梁　梁的一端固定另一端自由(图4-5(a))。

(2) 简支梁　梁的一端为固定铰支座,另一端为可动铰支座(图4-5(b))。

(3) 外伸梁　具有一个或两个外伸部分的简支梁(图 4-5(c))。

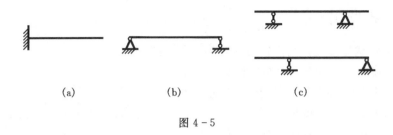

图 4-5

4.3　梁的内力和正负号规则

当梁上的外力(载荷和支反力)已知后,就可利用截面法确定梁的内力。

图 4-6(a)所示悬臂梁的自由端作用集中力 F,在求出支反力 F_{By} 和支反力偶 M_B 后,可用截面法计算任一 $m-m$ 截面上的内力。为此,用 $m-m$ 截面将梁截分为二段,取左段梁为研究对象(图 4-6(b)),由左段梁的平衡可知,$m-m$ 截面必然存在两个内力:沿截面作用的内力 F_S 和在外力作用平面内的内力偶矩 M。内力 F_S 称为**剪力**,内力偶矩 M 称为**弯矩**。根据左段的平衡条件可求得

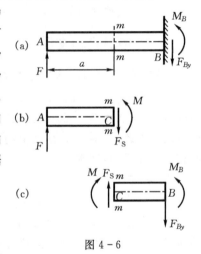

$$\sum F_y = 0, \quad F_S = F$$
$$\sum M_C = 0, \quad M = Fa$$

图 4-6

这里的矩心 C 为 $m-m$ 截面的形心。通常在梁弯曲时,横截面上将同时存在着剪力和弯矩。

$m-m$ 截面的内力也可由右段梁的平衡条件求得(图 4-6(c)),这时所得该截面的剪力 F_S 和弯矩 M 将与上述结果等值反向。为了使上述两种算法所得同一截面上的内力正负号相同,依据梁的变形,对弯曲内力的正负号作如下规定:

(1) 剪力:截面外法线顺时针转 90°后与剪力同向时,剪力为正(图 4-7(a)),反之为负(图 4-7(b))。

(2) 弯矩:使微段梁弯曲变形后凹面朝上的弯矩为正(图 4-7(c)),反之为负(图 4-7(d))。显然,根据弯曲内力符号规则,图 4-6(b)、(c)所示截面上的剪力和弯矩均为正值。

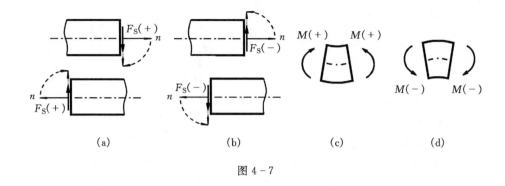

图 4-7

4.4 剪力方程和弯矩方程 剪力图和弯矩图

在一般情况下,梁的剪力和弯矩不仅与梁上的外力有关,还随横截面位置而变化。若将横截面沿轴线的位置用坐标 x 表示(通常以梁的左端为坐标原点),则梁各横截面上的剪力和弯矩可表示为 x 的函数,即

$$F_S = F_S(x)$$
$$M = M(x)$$

并分别称为**剪力方程**和**弯矩方程**。当梁上各段的剪力和弯矩不能用一个方程表示时,则应分别写出各段梁的剪力方程和弯矩方程,其中每一段称为梁的一个力区。

工程上常用图线表示梁上各截面的剪力和弯矩沿梁轴线的变化情况,即以 x 轴为横坐标轴,一般取向右为正;横截面上的剪力和弯矩为纵坐标轴,取向上为正,所画出图线称为**剪力图**和**弯矩图**。从图上可直观地判断梁上最大剪力和最大弯矩所在截面(称为**危险截面**)的位置和大小。

例 4-1 简支梁受力如图 4-8(a)所示,试列出梁的剪力方程和弯矩方程,并作出剪力图和弯矩图。

解 (1)求支反力 分别由平衡方程 $\sum M_B = 0$ 和 $\sum M_A = 0$ 求得

$$F_A = \frac{bF}{l}, \quad F_B = \frac{aF}{l}$$

(2)列剪力方程和弯矩方程 由于集中力 F 左右两段梁的剪力方程和弯矩方程不同,应分两个力区列出剪力方程和弯矩方程。

AC 段:

在 AC 段内任取一截面 1-1,设截面上有正的剪力 $F_S(x_1)$ 和弯矩 $M(x_1)$,如图 4-8(b)所示。由截面以左梁段的平衡得

$$F_S(x_1) = F_A = \frac{bF}{l}$$
$$(0 < x_1 < a)$$
$$M(x_1) = F_A x_1 = \frac{bF}{l} x_1$$
$$(0 \leqslant x_1 \leqslant a)$$

CB 段：

在 CB 段内任取一截面 2-2,设截面上有正的剪力 $F_S(x_2)$ 和弯矩 $M(x_2)$,如图 4-8(c)所示。由截面以左梁段的平衡得

$$F_S(x_2) = F_A - F = -\frac{aF}{l}$$
$$(a < x_2 < l)$$
$$M(x_2) = F_A x_2 - F(x_2 - a)$$
$$= \frac{bF}{l} x_2 - F(x_2 - a) \quad (a \leqslant x_2 \leqslant l)$$

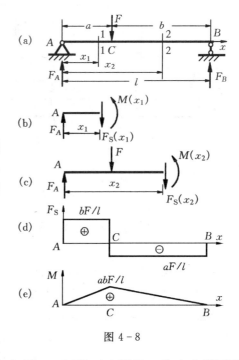

图 4-8

(3) 作剪力图和弯矩图　由剪力方程和弯矩方程分别作出剪力图和弯矩图,如图 4-8(d)、(e)所示。从内力图可看出最大剪力和最大弯矩分别为

$$F_{S\,max} = \frac{bF}{l} \quad (\text{设 } a < b)$$
$$M_{max} = \frac{abF}{l}$$

如果 $a=b$,即当集中力 F 作用在梁的中点时,则最大弯矩发生在梁的中央截面,其值为

$$M_{max} = \frac{Fl}{4}$$

例 4-2　简支梁受力如图 4-9(a)所示,试列出梁的剪力方程和弯矩方程,并作出剪力图和弯矩图。

解　(1) 求支反力　分别由平衡方程 $\sum M_B = 0$ 和 $\sum M_A = 0$ 求得

$$F_A = \frac{M_0}{l}, \quad F_B = \frac{M_0}{l}$$

(2) 列剪力方程和弯矩方程　因为 C 点处作用有集中力偶 M_0,故应分 AC 和 CB 两个力区列出剪力方程和弯矩方程。与例 4-1 同样,在 AC 和 CB 两段梁各任取一截面,并分别设截面上有正的剪力 $F_S(x_1)$ 和 $F_S(x_2)$;正的弯矩 $M(x_1)$ 和

$M(x_2)$,如图 4-9(b)、(c)所示。然后由截面以左梁段的平衡得出两段梁的剪力方程和弯矩方程。

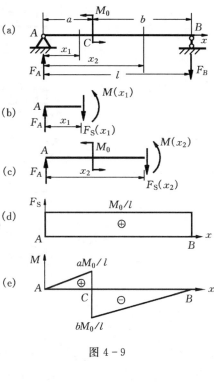

图 4-9

AC 段：

$$F_S(x_1) = \frac{M_0}{l} \quad (0 < x_1 \leqslant a)$$

$$M(x_1) = \frac{M_0}{l} x_1 \quad (0 \leqslant x_1 < a)$$

CB 段：

$$F_S(x_2) = \frac{M_0}{l} \quad (a \leqslant x_2 < l)$$

$$M(x_2) = \frac{M_0}{l} x_2 - M_0 \quad (a < x_2 \leqslant l)$$

(3) 作剪力图和弯矩图　由剪力方程和弯矩方程分别作出剪力图和弯矩图,如图 4-9(d)、(e)所示。从内力图可看出最大剪力和最大弯矩分别为

$$F_{S\,max} = \frac{M_0}{l}$$

$$|M|_{max} = \frac{M_0}{l} b \quad (设 a < b)$$

例 4-3　图 4-10(a)所示简支梁上受集度为 q 的均布载荷作用。试列出梁的剪力方程和弯矩方程,并作剪力图和弯矩图。

解　(1) 求支反力　在由静力平衡方程 $\sum M_B = 0$ 求支反力 F_A 时,均布载荷对 B 点求矩可应用合力矩定理,即分力对某点之矩的和等于合力对同一点之矩。因此,全梁上的均布载荷对 B 点之矩为 $ql \cdot \dfrac{l}{2}$,故

$$\sum M_B = F_A l - ql \cdot \frac{l}{2} = 0$$

得

$$F_A = \frac{ql}{2}$$

同理,由 $\sum M_A = 0$ 得出 $F_B = \dfrac{ql}{2}$。

(2) 列剪力方程和弯矩方程　因为均布载荷作用于全梁,梁上无集中力和集中力偶,故梁的剪力和弯矩均可用一个方程表示。设 x 截面上有正的剪力 $F_S(x)$ 和弯矩 $M(x)$,如图 4-10(b),由截面以左梁段的平衡得出梁的剪力方程和弯矩方

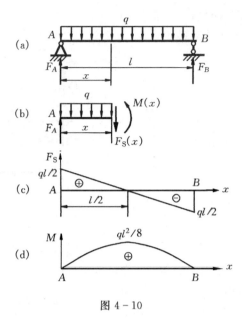

图 4-10

程。

$$\sum F_y = 0, \quad F_A - qx - F_S(x) = 0$$

得

$$F_S(x) = \frac{1}{2}ql - qx \quad (0 < x < l)$$

$$\sum M_C = 0, \quad F_A \cdot x - qx \cdot \frac{x}{2} - M(x) = 0$$

得

$$M(x) = \frac{1}{2}qlx - \frac{1}{2}qx^2 \quad (0 \leqslant x \leqslant l)$$

(3) 作剪力图和弯矩图 由剪力方程作出剪力图,如图 4-10(c)所示。由弯矩方程可知弯矩图为二次抛物线,要画出其大致形状,至少需要知道抛物线上三个点的位置。在梁的两个端点,$x=0, M(0)=0$; $x=l, M(l)=0$。由 $\dfrac{dM(x)}{dx}=0$,得 $\dfrac{1}{2}ql-qx=0$,即 $x=\dfrac{l}{2}$ 时,弯矩取极值 $M\left(\dfrac{l}{2}\right)=\dfrac{1}{8}ql^2$。由此三点弯矩值,定性画出弯矩图,如图 4-10(d)所示。

讨论 对此例的剪力方程和弯矩方程进一步研究,不难看出,它们有如下关系:

$$\frac{dF_S(x)}{dx} = -q$$

$$\frac{\mathrm{d}M(x)}{\mathrm{d}x} = \frac{1}{2}ql - qx = F_\mathrm{S}(x)$$

$$\frac{\mathrm{d}^2 M(x)}{\mathrm{d}x^2} = -q$$

即均布载荷、剪力方程及弯矩方程之间有一定的微分关系。

可以证明,上述这些微分关系是一个普遍的规律。若取梁的左端为 x 轴的原点,并规定线分布载荷 $q(x)$ 向上为正,则弯矩、剪力和线分布载荷之间的微分关系如下:

$$\frac{\mathrm{d}F_\mathrm{S}(x)}{\mathrm{d}x} = q(x) \tag{4-1}$$

$$\frac{\mathrm{d}M(x)}{\mathrm{d}x} = F_\mathrm{S}(x) \tag{4-2}$$

$$\frac{\mathrm{d}^2 M(x)}{\mathrm{d}x^2} = q(x) \tag{4-3}$$

它们分别表明:剪力图上某处斜率等于该处线分布载荷集度;弯矩图上某处斜率等于该处剪力值;弯矩图上某处斜率的变化率等于该处的线分布载荷集度。

根据这些微分关系,并综合前述各例题,可归纳出下列几点剪力图和弯矩图的规律:

(1) 若梁段的 $q(x)=0$,则该段剪力为常数,剪力图为水平线,弯矩图为斜直线。

(2) 若梁段的 $q(x)=q=$ 常数,则该段剪力图为斜直线,弯矩图为二次抛物线;当 q 向下时,剪力图为右向下倾斜的直线,弯矩图为凹面向下的抛物线;当 q 向上时,则相反。

(3) 在集中力作用处,剪力图发生突变,突变数值和方向与集中力相同。

(4) 在集中力偶作用处,弯矩图发生突变,突变数值与集中力偶相同。

利用上述这些规律,可以校核剪力图和弯矩图的正确性。

例 4-4 列出图 4-11(a)所示外伸梁的剪力方程和弯矩方程,并作剪力图和弯矩图。

解 (1) 求支反力 分别由平衡方程 $\sum M_C = 0$ 和 $\sum M_B = 0$ 求出支反力

$$F_B = \frac{7}{4}qa, \quad F_C = \frac{1}{4}qa$$

(2) 列剪力方程和弯矩方程

列外伸梁的剪力方程和弯矩方程时,应分三个力区,在各段梁中分别任取一 x 截面,并分别设各截面上有正的剪力 $F_\mathrm{S}(x_1)$、$F_\mathrm{S}(x_2)$ 和 $F_\mathrm{S}(x_3)$ 与正的弯矩 $M(x_1)$、$M(x_2)$ 和 $M(x_3)$,如图 4-11(b)、(c)、(d)所示。由截面以左各段梁的平衡依次求出剪力方程和弯矩方程。

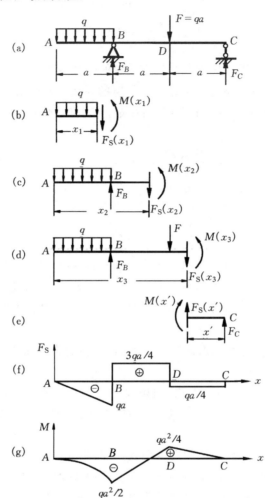

图 4-11

AB 段：
$$F_S(x_1) = -qx_1 \quad (0 \leqslant x_1 < a)$$
$$M(x_1) = -\frac{1}{2}qx_1^2 \quad (0 \leqslant x_1 \leqslant a)$$

BD 段：
$$F_S(x_2) = -qa + \frac{7}{4}qa = \frac{3}{4}qa \quad (a < x_2 < 2a)$$
$$M(x_2) = -qa\left(x_2 - \frac{a}{2}\right) + \frac{7}{4}qa(x_2 - a)$$

$$= \frac{3}{4}qax_2 - \frac{5}{4}qa^2 \quad (a \leqslant x_2 \leqslant 2a)$$

DC 段：

$$F_S(x_3) = -qa + \frac{7}{4}qa - qa = -\frac{1}{4}qa \quad (2a < x_3 < 3a)$$

$$M(x_3) = -qa(x_3 - \frac{a}{2}) + \frac{7}{4}qa(x_3 - a) - qa(x_3 - 2a)$$

$$= \frac{1}{4}qa(3a - x_3) \quad (2a \leqslant x_3 \leqslant 3a)$$

（3）作剪力图和弯矩图

根据内力方程作出梁的剪力图和弯矩图如图 4-12(f)、(g)所示。最大剪力和最大弯矩为

$$|F_S|_{max} = qa, \quad |M|_{max} = \frac{1}{2}qa^2$$

讨论 （1）为计算简便，在列 DC 段剪力方程和弯矩方程时，也可取截面以右梁段为分离体，并取坐标 x'，以梁右端 C 为坐标原点，方向向左为正，如图 4-11(e)所示。则 CD 段的剪力方程和弯矩方程为

$$F_S(x') = -\frac{1}{4}qa \quad (0 < x' < a)$$

$$M(x') = \frac{1}{4}qax' \quad (0 \leqslant x' \leqslant a)$$

（2）读者可试用归纳出的剪力图和弯矩图规律，对本例所画出的剪力图和弯矩图进行校核。

（3）由上述各例题的剪力方程和弯矩方程可以得出：

梁上任一横截面的剪力数值等于截面以左梁上外力的代数和。向上的外力产生正剪力；反之，产生负剪力。

梁上任一横截面的弯矩数值等于截面以左梁上外力对该截面形心力矩的代数和。向上的力和顺时针转向的外力偶产生正弯矩；反之，产生负弯矩。

复习思考题

4-1 何谓静定梁？静定梁有哪几种典型形式？

4-2 剪力和弯矩的符号规则是什么？

4-3 在梁的集中力和集中力偶作用处，剪力图和弯矩图有什么变化？

4-4 弯矩、剪力和线分布载荷之间的微分关系是什么？剪力图和弯矩图有哪些规律？

4-5 举例说明如何用截面以左梁上外力写出截面的剪力方程和弯矩方程。

习 题

4-1 求下列各梁在 A、B、C 截面上的剪力和弯矩,对于有集中力和集中力偶作用的截面应区分其左、右侧截面上的内力。

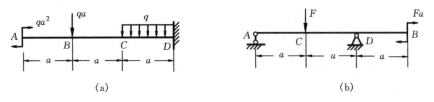

题 4-1 图

4-2 求下列各梁的剪力方程和弯矩方程,作剪力图和弯矩图。并求出 $|F_S|_{\max}$ 和 $|M|_{\max}$。

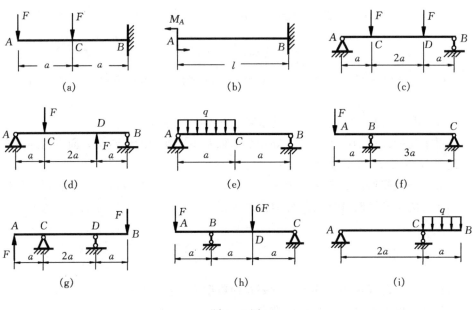

题 4-2 图

4-3 试作下列各梁剪力图和弯矩图。

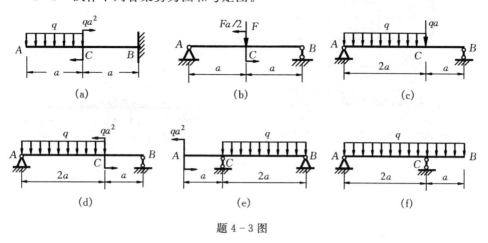

题 4-3 图

4-4 试利用剪力、弯矩与载荷集度间的微分关系,指出并改正图示各梁内力图中的错误。

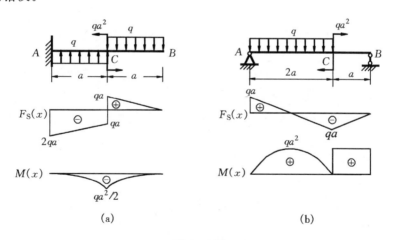

题 4-4 图

4-5 图示锅炉及其计算简图。适当移动支座位置(变化 a 值),可减少内力值。如欲使跨度中点 E 处的弯矩 M_E 与支座 C 处的弯矩 M_C 数值上相等,即 $M_E = -M_C$,则 a 值应等于多少?

*4-6 图示桥式起重机的小车 CD 在大梁 AB 上行走,设小车的每个轮子对大梁的压力为 F,小车轮距为 d,大梁的跨度为 l。试问小车在什么位置时梁内的弯矩最大? 最大弯矩等于多少?

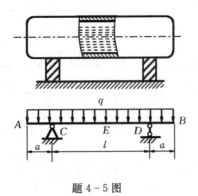

题 4-5 图

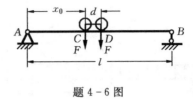

题 4-6 图

第5章 弯曲应力

5.1 概述

在讨论了梁的内力之后,本章将进一步研究梁横截面上的应力分布规律,建立应力计算公式并进行梁的强度计算。

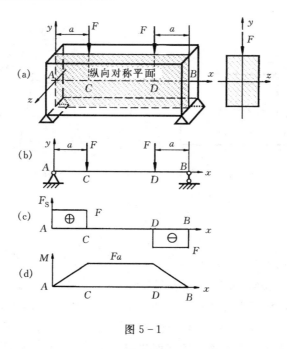

图 5-1

工程实际中的梁,一般是具有一个纵向对称平面的等直梁。现以图 5-1(a)所示矩形截面简支梁为例分析梁的弯曲应力,其外力为垂直于轴线的横向力,作用在梁的纵向对称平面内,梁弯曲时其轴线在此对称平面内弯成平面曲线,这种弯曲称为**平面弯曲**。

梁的计算简图、剪力图和弯矩图分别如图 5-1(b)、(c)和(d)所示。在 AC 和 DB 段内,各横截面上既有弯矩又有剪力,同时发生弯曲变形和剪切变形,这种弯曲称为**剪切弯曲**。在 CD 段内仅有弯矩而无剪力,只发生弯曲变形,这种弯曲称为**纯弯曲**。

5.2 弯曲正应力

首先研究纯弯曲时梁的应力。和推导圆轴扭转切应力相似,从观察变形入手,综合考虑变形几何关系、物理关系和静力学关系三个方面来解决。

5.2.1 梁的变形

先来观察图 5-1(a)中受纯弯曲的 CD 段梁的变形,在梁表面画横向线 mm、nn 和纵向线 aa、bb,加载后可以看到两个主要现象(图 5-2(b)):

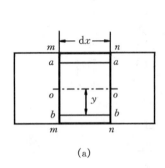
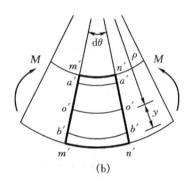

图 5-2

(1) 相距为 dx 的横向线 mm、nn 仍然是直线,但彼此相对转动了一个角度 $d\theta$。

(2) 纵向线 $\overline{aa}$、$\overline{bb}$ 由直线变成了圆弧线 $\overparen{a'a'}$、$\overparen{b'b'}$,并且 $\overparen{a'a'}$ 比 $\overline{aa}$ 缩短了,而 $\overparen{b'b'}$ 比 $\overline{bb}$ 伸长了。

依据所观察到的梁表面变形情况,对梁内部的变形作出如下假设:梁变形后横截面仍保持平面,即**平截面假设**。

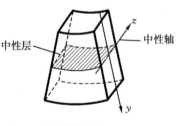

图 5-3

可以设想梁是由无数纵向纤维组成,弯曲变形后梁的上层纤维缩短,下层纤维伸长,由于变形的连续性,中间必有一层既不伸长也不缩短的纵向纤维,称为**中性层**。在平面弯曲的前提下,中性层与载荷作用平面垂直,中性层与横截面的交线称为**中性轴**,如图 5-3 所示。由于梁的材料和受力均对称于纵向对称平面,横截面的变形也必对称于截面的对称轴,故截面对称轴变形后保持为直线并与中性轴正交。梁弯曲时横截面绕其中性轴转动。

纯弯曲时梁的横截面与纵向线正交,因此切应变为零,即横截面上切应力为零。

5.2.2 弯曲正应力的推导

1. 变形几何关系

以截面对称轴为 y 轴且向下为正,中性轴为 z 轴(图 5-3),变形后两横截面绕 z 轴相对转角为 $\mathrm{d}\theta$,设中性层的曲率半径为 ρ。现分析距中性层为 y 的纵向线段 $\overline{bb}$ 的相对变形,如图 5-2(b)所示。变形后中性层上的线段 $\overline{oo}$ 弯成圆弧 $\overparen{o'o'}$,其长度保持不变,故 $\overline{oo} = \overparen{o'o'}$。于是 $\overline{bb}$ 的原长

$$\overline{bb} = \mathrm{d}x = \overline{oo} = \rho\,\mathrm{d}\theta$$

变形后的长度为

$$\overparen{b'b'} = (\rho + y)\mathrm{d}\theta$$

因此线段 $\overline{bb}$ 的线应变为

$$\varepsilon = \frac{\overparen{b'b'} - \overline{bb}}{\overline{bb}} = \frac{(\rho + y)\mathrm{d}\theta - \rho\,\mathrm{d}\theta}{\rho\,\mathrm{d}\theta}$$

即

$$\varepsilon = \frac{y}{\rho} \tag{a}$$

上式表明,梁的纵向线应变沿截面高度按线性分布。

2. 物理关系

在纯弯曲下,由于梁上无横向力作用,假设各纵向纤维间无挤压,因此各纵向线段处于单向受力状态。当应力不超过材料比例极限时,由胡克定律可得

$$\sigma = E\varepsilon = \frac{E}{\rho}y \tag{5-1}$$

由式(5-1)可知,横截面上任一点的正应力与该点到中性轴的距离 y 成正比,即正应力沿截面高度按线性分布,沿宽度均匀分布,在中性轴上正应力为零,如图 5-4 所示。

因为中性轴 z 的位置和曲率半径 ρ 的大小尚未确定,式(5-1)还不能用于确定正应力的大小,须通过静力学关系解决。

3. 静力学关系

横截面上各点处的法向微内力 $\sigma\mathrm{d}A$ 组成一空间平行力系(图 5-4),该力系可简化为三个内力分量,即轴力 F_N 和对 y、z 轴的力矩 M_y、M_z。由于纯弯曲时梁截面上只有弯矩 M,根据静力学条件有

$$F_N = \int_A \sigma dA = 0 \qquad (b)$$

$$M_y = \int_A z\sigma dA = 0 \qquad (c)$$

$$M_z = \int_A y\sigma dA = M \qquad (d)$$

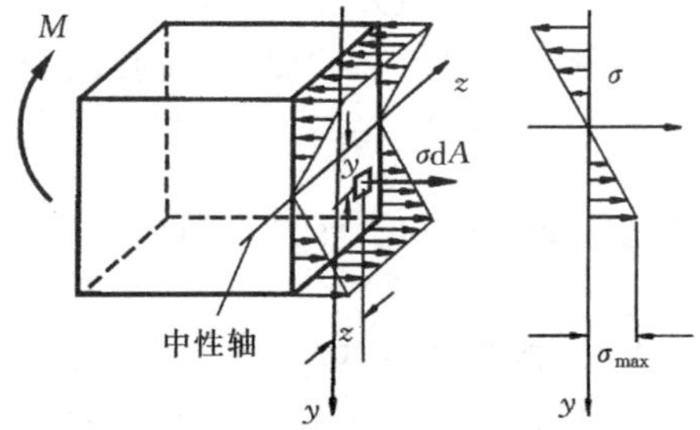

将式(5-1)代入式(b)得

$$\int_A \sigma dA = \frac{E}{\rho}\int_A y dA = 0$$

因为 $\frac{E}{\rho}$ 不会等于零,则积分 $\int_A y dA = 0$ 。

图 5-4

由图形的几何性质(附录A)可知,积分 $\int_A y dA$ 为横截面图形对中性轴的静矩 S_z,故 $S_z = 0$。由于只有 z 轴通过截面形心时,静矩 S_z 才会等于零。因此,中性轴 z 必定通过截面的形心,从而确定了中性轴的位置。

将式(5-1)代入式(c)得

$$\int_A z\sigma dA = \frac{E}{\rho}\int_A yz dA = 0$$

式中积分 $\int_A yz dA = I_{yz}$ 为横截面对 y、z 轴的惯性积。由于 y 是横截面的对称轴,因此 $I_{yz} = 0$,式(c)自动满足。

将式(5-1)代入式(d)得

$$\int_A y\sigma dA = \frac{E}{\rho}\int_A y^2 dA = \frac{E}{\rho}I_z = M \qquad (e)$$

其中

$$I_z = \int_A y^2 dA \qquad (5-2)$$

为横截面对中性轴 z 的惯性矩(见附录A),于是式(e)可写成

$$\frac{1}{\rho} = \frac{M}{EI_z} \qquad (5-3)$$

式中 EI_z 称为**抗弯刚度**,$\frac{1}{\rho}$ 为中性层的曲率。式(5-3)是用曲率表示的弯曲变形计算公式。上式表明,中性层的曲率与弯矩成正比,与抗弯刚度成反比。将式(5-3)代入式(5-1)即得等直梁在纯弯曲时,横截面上正应力计算公式

$$\sigma = \frac{My}{I_z} \qquad (5-4)$$

式中,M 和 I_z 分别为截面的弯矩和截面图形对中性轴 z 的惯性矩,y 为所求应力点到中性轴的距离。

用公式(5-4)进行计算时,M 和 y 一般用绝对值代入,至于所求点正应力的

正负号,可根据梁变形的情况加以判断。

5.2.3 弯曲正应力公式的应用条件

公式(5-3)和(5-4)是在等直梁受纯弯曲条件下推导出的,然而,根据实验和进一步分析表明,对于一般的细长梁(梁的跨度和高度之比 $l/h>5$),剪力对正应力分布影响很小,可以略去不计,因此上述公式可推广应用于直梁剪切弯曲时的正应力计算。对于小曲率杆上述公式也可以近似应用,其误差在工程允许范围之内。另外推导公式时用到了胡克定律,而且截面各点处的弹性模量均相同,因此这些公式只适用于材料处于线性弹性范围内,且拉伸与压缩弹性模量相等的情况。

5.3 弯曲正应力的强度计算

5.3.1 最大弯曲正应力

由式(5-4)可知,弯曲时横截面上最大正应力发生在离中性轴最远的各点处,即

$$\sigma_{\max} = \frac{M y_{\max}}{I_z} = \frac{M}{\dfrac{I_z}{y_{\max}}} \tag{5-5}$$

在剪切弯曲情况下,弯矩不再是常量,随截面位置而定。计算梁的强度时,应以梁的最大弯矩 $M_{\max}$ 代替上式的 M。

梁弯曲最大正应力可写为

$$\sigma_{\max} = \frac{M_{\max}}{W_z} \tag{5-6}$$

式中

$$W_z = \frac{I_z}{y_{\max}} \tag{5-7}$$

W_z 称为**弯曲截面系数**,是衡量截面抗弯强度的一个几何量,常用单位为 mm^3 或 m^3。

由附录 A 知矩形截面(图 5-5(a))的 $I_z = \dfrac{bh^3}{12}$,由式(5-7)得

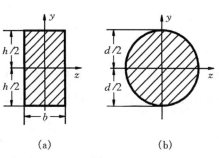

图 5-5

$$W_z = \frac{I_z}{y_{\max}} = \frac{\frac{bh^3}{12}}{\frac{h}{2}} = \frac{bh^2}{6}$$

圆形截面(图 5-5(b))的 $I_z = \frac{\pi d^4}{64}$，由式(5-7)得

$$W_z = \frac{I_z}{y_{\max}} = \frac{\frac{\pi d^4}{64}}{\frac{d}{2}} = \frac{\pi d^3}{32}$$

工字钢等标准型钢的 W_z 值，可查型钢表(附录 C)。

5.3.2 弯曲正应力强度计算

梁弯曲正应力强度条件为

$$\sigma_{\max} \leqslant [\sigma] \tag{5-8}$$

对于低碳钢一类塑性材料，其抗拉能力与抗压能力相同，通常将梁的截面做成与中性轴对称的形状，如圆形、矩形及工字形等。其强度条件写为

$$\sigma_{\max} = \frac{M_{\max}}{W_z} \leqslant [\sigma] \tag{5-9}$$

对于铸铁一类脆性材料因其抗压能力大于抗拉能力，为了充分利用材料，常将梁的横截面做成与中性轴不对称的形状，如 T 字形截面等，并使中性轴偏向受拉一侧，如图(5-6)所示。

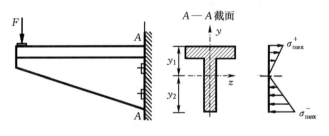

图 5-6

T 字形截面铸铁梁，其最大拉应力和最大压应力值分别在中性轴两侧距中性轴最远处，可将 y_1 和 y_2 值代入公式(5-4)得出，其强度条件为：

$$\left.\begin{array}{l}\sigma_{\max}^+ = \dfrac{M_{\max} y_1}{I_z} \leqslant [\sigma]^+ \\[2mm] \sigma_{\max}^- = \dfrac{M_{\max} y_2}{I_z} \leqslant [\sigma]^-\end{array}\right\} \tag{5-10}$$

用强度条件式(5-9)和式(5-10),可按正应力对梁进行强度校核,选择截面尺寸或确定许可载荷。

例 5-1 图 5-7(a)所示钢制等截面简支梁受均布载荷 q 作用,截面为高 $h=80$ mm,宽 $b=60$ mm 的矩形。已知梁的跨度 $l=2$ m,材料许用应力 $[\sigma]=160$ MPa,$q=20$ kN/m。试按正应力强度条件校核梁的强度。

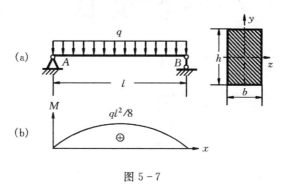

图 5-7

解 梁的弯矩图如图 5-7(b)所示,最大弯矩在梁的中央截面,其值为

$$M_{\max} = \frac{1}{8}ql^2 = \frac{1}{8} \times 20 \times 10^3 \,\text{N/m} \times (2\,\text{m})^2 = 10 \times 10^3 \,\text{N·m}$$

矩形截面的弯曲截面系数

$$W_z = \frac{bh^2}{6} = \frac{60 \times 10^{-3}\,\text{m} \times (80 \times 10^{-3}\,\text{m})^2}{6} = 64 \times 10^{-6}\,\text{m}^3$$

梁的最大正应力

$$\sigma_{\max} = \frac{M_{\max}}{W_z} = \frac{10 \times 10^3\,\text{N·m}}{64 \times 10^{-6}\,\text{m}^3} = 156\,\text{MPa} < [\sigma]$$

因此梁的正应力强度足够。

例 5-2 T 字形截面铸铁悬臂梁,自由端 A 受集中力 F 作用,B 端截面尺寸如图 5-8(d)所示,受力 $F=10$ kN,梁长 $l=300$ mm。已知铸铁许用拉应力 $[\sigma]^+=40$ MPa,许用压应力 $[\sigma]^-=120$ MPa。试校核梁的正应力强度。

解 (1) 梁的计算简图、弯矩图如图 5-8(b)、(c)所示。由梁的弯矩图可知,最大弯矩在 B 端,其值为

$$M_{\max} = Fl = 10 \times 10^3\,\text{N} \times 300 \times 10^{-3}\,\text{m} = 3 \times 10^3\,\text{N·m}$$

B 端截面为危险截面。

(2) 确定 T 字形截面的形心位置 截面形心必在对称轴 y 上。取一水平参考轴 z_0 与截面底边重合(图 5-8(d))。分别求出 T 形截面腹板和翼缘两个矩形的面积,以及各自在 yz_0 坐标系的形心坐标(参看附录 A)。

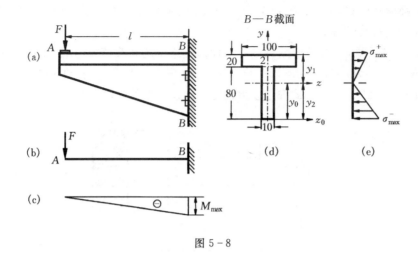

图 5-8

腹板 1：$A_1 = 80 \text{ mm} \times 10 \text{ mm} = 800 \text{ mm}^2$，形心坐标 $y_{01} = 40 \text{ mm}$；

翼缘 2：$A_2 = 20 \text{ mm} \times 100 \text{ mm} = 2\,000 \text{ mm}^2$，形心坐标 $y_{02} = 90 \text{ mm}$。

截面形心坐标

$$y_0 = \frac{A_1 y_{01} + A_2 y_{02}}{A_1 + A_2} = \frac{800 \text{ mm}^2 \times 40 \text{ mm} + 2\,000 \text{ mm}^2 \times 90 \text{ mm}}{800 \text{ mm}^2 + 2\,000 \text{ mm}^2} = 75.7 \text{ mm}$$

由此可得 T 字形截面的形心与上、下边缘的距离各为 $y_1 = 24.3 \text{ mm}$，$y_2 = 75.7 \text{ mm}$

(3) 确定 T 字形截面对水平形心轴 z（即中性轴）的惯性矩　利用平行移轴公式分别求出腹板和翼缘对 z 轴的惯性矩，尔后相加（参看附录 A）。

腹板 1：$I_{z1} = \dfrac{10 \text{ mm} \times (80 \text{ mm})^3}{12} + (75.7 \text{ mm} - 40 \text{ mm})^2 \times 800 \text{ mm}^2$

$\qquad = 1.45 \times 10^6 \text{ mm}^4 = 1.45 \times 10^{-6} \text{ m}^4$

翼缘 2：$I_{z2} = \dfrac{100 \text{ mm} \times (20 \text{ mm})^3}{12} + (90 \text{ mm} - 75.7 \text{ mm})^2 \times 2\,000 \text{ mm}^2$

$\qquad = 0.48 \times 10^6 \text{ mm}^4 = 0.48 \times 10^{-6} \text{ m}^4$

T 字形截面对水平形心轴 z 的惯性矩为

$$I_z = I_{z1} + I_{z2} = 1.45 \times 10^{-6} \text{ m}^4 + 0.48 \times 10^{-6} \text{ m}^4 = 1.93 \times 10^{-6} \text{ m}^4$$

(4) 强度校核　B 截面的应力分布如图 5-8(e)所示，最大拉应力和最大压应力分别发生在翼缘的上侧和和腹板的下侧各点处（**危险点**），由式(5-8)得

$$\sigma_{\max}^+ = \frac{M_{\max} y_1}{I_z} = \frac{3 \times 10^3 \text{ N·m} \times 24.3 \times 10^{-3} \text{ m}}{1.93 \times 10^{-6} \text{ m}^4} = 37.8 \text{ MPa} < [\sigma]^+$$

$$\sigma_{\max}^- = \frac{M_{\max} y_2}{I_z} = \frac{3 \times 10^3 \text{ N·m} \times 75.7 \times 10^{-3} \text{ m}}{1.93 \times 10^{-6} \text{ m}^4} = 118 \text{ MPa} < [\sigma]^-$$

因此梁的强度足够。

5.4 弯曲切应力和切应力强度条件

5.4.1 弯曲切应力

梁在剪切弯曲时,横截面上既有弯矩又有剪力,因此,横截面上相应地有正应力和切应力。横截面上切应力的分布比较复杂,在计算切应力时,要根据截面的具体形状对切应力的分布作出一些接近实际分布规律的假设,然后进行推导,得出切应力计算公式。下面介绍几种常见截面上切应力的计算式和分布规律。

(1) 矩形截面

图 5-9(a)所示一高为 h,宽为 b 的矩形截面,截面上沿 y 轴有剪力 F_S。横截面上距中性轴为 y 处的切应力 τ 可按下列公式计算:

$$\tau = \frac{F_S S_z^*}{b I_z} \quad (5-11)$$

式中,F_S 为横截面上的剪力;I_z 为横截面对中性轴的惯性矩;b 为截面的宽度;S_z^* 为距中性轴为 y 的水平横线一侧部分面积 A^* 对中性轴的静矩。

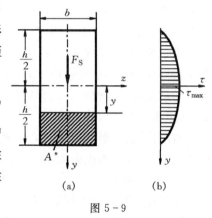

图 5-9

因为

$$S_z^* = b\left(\frac{h}{2} - y\right) \cdot \left[y + \frac{1}{2}\left(\frac{h}{2} - y\right)\right] = \frac{b}{2}\left(\frac{h^2}{4} - y^2\right)$$

将上式及 $I_z = \dfrac{bh^3}{12}$ 代入式(5-11)得

$$\tau = \frac{F_S S_z^*}{b I_z} = \frac{6 F_S}{b h^3}\left(\frac{h^2}{4} - y^2\right) \quad (5-12)$$

从式(5-12)可看出,切应力沿梁高度按抛物线规律分布(图 5-9(b))。当 $y = \pm \dfrac{h}{2}$,即在截面的上、下边缘处,切应力 $\tau = 0$。当 $y = 0$,即在中性轴上各点处,切应力为最大,其值为

$$\tau_{max} = \frac{3 F_S}{2bh} = \frac{3}{2} \frac{F_S}{A} \quad (5-13)$$

式中,A 为横截面的面积。由上式可知矩形截面梁的最大切应力为平均切应力的 1.5 倍。

(2) 工字形截面

图 5-10(a)所示的工字形截面由腹板和上、下翼缘组成。腹板是个狭长矩形,其切应力可用公式(5-11)计算,切应力沿高度分布如图 5-10(b)所示。最大切应力发生在中性轴上,其值为

$$\tau_{\max} = \frac{F_S S_{z\max}^*}{d I_z} = \frac{F_S}{d(I_z/S_{z\max}^*)} \approx \frac{F_S}{A'} \quad (5-14)$$

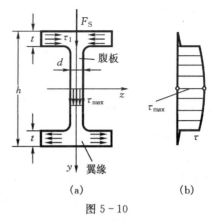

图 5-10

式中,d 和 A' 分别为腹板宽度和面积,I_z 为工字形截面对中性轴的惯性矩,$S_{z\max}^*$ 为中性轴一侧半个工字形截面面积对中性轴的静距。对于轧制的工字钢,式中的 $I_z/S_{z\max}^*$ 可由型钢表(附录 C)查得。由于翼缘的厚度很小,因此,翼缘上沿 y 方向的切应力很小,可忽略不计,水平切应力 τ_1 是翼缘的主要切应力。同腹板最大切应力相比,翼缘的最大切应力较小,故通常不必计算。工字形截面的上、下翼缘主要承担弯矩,而腹板主要承担剪力。

对于槽钢、槽形截面梁和箱形薄壁截面梁腹板的弯曲切应力计算与工字形截面梁相似,其最大切应力可用公式(5-14)计算。

(3) 圆形截面

由切应力互等定理可知,位于截面圆周上各点的切应力必与圆周相切。因此,除中性轴外,矩形截面切应力分布的假设不再适用。但研究结果表明,y 方向切应力沿高度仍按抛物线分布(图 5-11(b)),最大切应力发生在中性轴上,并可认为沿中性轴均匀分布(图 5-11(a)),由计算得出圆形截面的最大切应力

$$\tau_{\max} = \frac{4}{3} \frac{F_S}{A} \quad (5-15)$$

式中,A 为圆形截面面积。可见,圆形截面最大切应力是平均切应力的 1.33 倍。

(4) 薄壁圆环截面

壁厚 t 远小于平均半径 $R(R>10t)$ 的圆环称为薄壁圆环。由于壁厚很小,可以认为切应力沿壁厚均匀分布,方向与圆周相切(图 5-12),最大切应力发生在中性轴上,方向平行于剪力 F_S,由计算得

$$\tau_{\max} = 2 \frac{F_S}{A} \quad (5-16)$$

式中,$A = 2\pi R t$ 为圆环截面面积。因此,薄壁圆环截面上最大切应力为平均切应力的 2 倍。

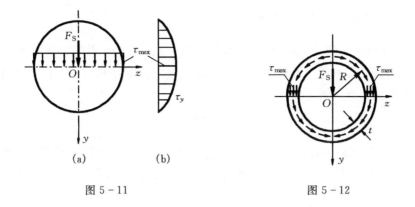

图 5-11

图 5-12

例 5-3 一矩形截面悬臂梁,在自由端承受集中载荷 F,如图 5-13(a)所示,$l>5h$,试求最大切应力 τ_{max} 和最大弯曲正应力 σ_{max} 的比值。

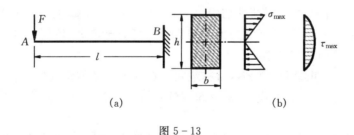

图 5-13

解 该梁所有截面上的剪力均等于 F,最大弯矩在 B 截面,其值为 $M_{max}=Fl$。最大正应力发生在 B 截面的上、下边缘,最大切应力发生在各横截面中性轴处,如图 5-13(b)所示。其值分别为

$$\sigma_{max} = \frac{M_{max}}{W_z} = \frac{Fl}{\frac{bh^2}{6}} = \frac{6Fl}{bh^2}$$

$$\tau_{max} = \frac{3}{2}\frac{F_S}{A} = \frac{3}{2}\frac{F}{bh}$$

两者之比为

$$\frac{\tau_{max}}{\sigma_{max}} = \frac{h}{4l}$$

由上式可知,对于细长梁($l>5h$),$\tau_{max}/\sigma_{max}<5\%$。即切应力相对很小,弯曲正应力是主要的。进一步分析表明,对于圆形、矩形等实心截面梁,只要 l/h 值较大,且材料的抗剪能力不是很差,则切应力都可略去不计。

5.4.2 梁的切应力强度条件

由上述分析可知,梁在剪切弯曲时最大切应力一般发生在最大剪力 $F_{S\,max}$ 所在截面的中性轴上,由于中性轴上各点的弯曲正应力为零,因此,这些点处于纯剪切受力状态,其切应力强度条件为

$$\tau_{max} = \frac{F_{S\,max} S^*_{z\,max}}{bI_z} \leqslant [\tau] \qquad (5-17)$$

式中,b 为横截面在中性轴处的宽度,$S^*_{z\,max}$ 为中性轴一侧的横截面面积对中性轴的静矩。$[\tau]$ 为材料的许用切应力。最大切应力亦可对于不同截面,用式(5-13)~(5-16)计算。

在进行梁的强度计算时,一般先考虑正应力强度条件,再按式(5-17)进行切应力强度校核。对于实心截面细长梁,由于弯曲正应力是主要控制因素,因此一般不再需要进行切应力强度校核。但对于薄壁截面梁、短而粗的梁、较大的集中载荷作用在支座附近的梁等,其弯曲切应力不能忽略。某些薄壁构件(例如工字形截面梁)的腹板和翼缘交界处,其正应力和切应力都可能比较大,该处也可能成为危险点,其强度计算问题将在第 7 章中讨论。

例 5-4 一机器重 40 kN,对称地安装在两根工字钢组成的外伸梁上,如图 5-14(a)所示。已知许用应力 $[\sigma]=60$ MPa,$[\tau]=40$ MPa。试选择工字钢的型号。

解 选择型钢时,一般先按正应力强度条件初选,然后按切应力强度条件进行校核。

(1) 梁的计算简图、剪力图和弯矩图分别如图 5-14(b)、(c)和(d)所示。

(2) 按正应力强度条件初选 由公式(5-9)

$$\sigma_{max} = \frac{M_{max}}{W_z} \leqslant [\sigma]$$

得

$$W_z \geqslant \frac{M_{max}}{[\sigma]} = \frac{20 \times 10^3 \text{N·m}}{60 \times 10^6 \text{N/m}^2} = 0.333 \times 10^{-3} \text{ m}^3$$

查型钢表(附录 C)有 22b 工字钢,其 $W_z=0.325\times 10^{-3}$ m³,虽然它比要求的小了 2.4%,但在机械设计中一般偏差不大于 5% 是允许的。故初选 22b 工字钢。

(3) 按切应力强度条件校核 查附录 C 的型钢表,得 22b 工字钢的腹板宽度 $d=9.5$ mm,$I_z/S^*_{z\,max}=0.187$ m,代入式(5-14)得

$$\tau_{max} = \frac{F_S}{d(I_z/S^*_{z\,max})} = \frac{20 \times 10^3 \text{N}}{9.5 \times 10^{-3} \text{m} \times 0.187 \text{ m}}$$
$$= 11.3 \times 10^6 \text{ N/m}^2 = 11.3 \text{ MPa} < [\tau]$$

第 5 章 弯曲应力

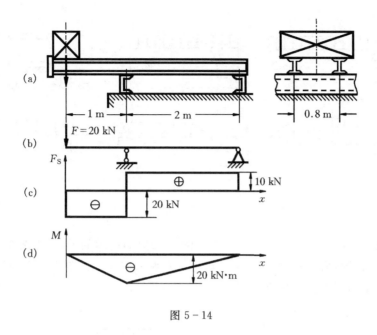

图 5-14

即切应力强度足够,故可选用 22b 工字钢。

5.5 提高弯曲强度的措施

由前面分析可知,一般情况下细长梁的强度通常取决于弯曲正应力。因此,提高梁的弯曲强度就是采取各种可能措施,降低梁的正应力。由梁的弯曲正应力公式(5-6)可知,提高梁的承载能力可从减少最大弯矩 M_{max} 和提高弯曲截面系数 W_z 等方面考虑。

5.5.1 合理安排梁的支承与载荷

图 5-15(a)所示的简支梁,其最大弯矩 $M_{max}=\dfrac{ql^2}{8}=0.125ql^2$,若将两支座向中间移动 $0.2l$(图 5-15(b)),则最大弯矩 $M_{max}=0.025ql^2$,仅为前者的 1/5。设计锅炉筒体及吊装长构件时,其支承点不设在两端(图 5-15(c))就是利用这个道理。

工程设计中,考虑梁上的载荷布置时,如果结构允许,应尽可能使载荷靠近支承。图 5-16(a)所示的梁,当载荷靠近支承时,梁的最大弯矩将比载荷作用在跨中时小得多(图 5-16(b))。此外,若条件允许,可将一个集中载荷分成几个较小

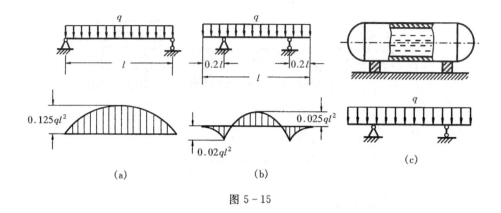

图 5-15

的集中载荷或改变成线分布载荷。如将图 5-16(a)所示的梁,改为图 5-17(a)、(b)所示的情况,后两种梁中,最大的弯矩只有原来的一半。图 5-17(c)所示木结构建筑就是利用了上述原理。

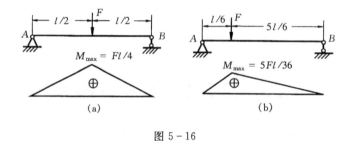

图 5-16

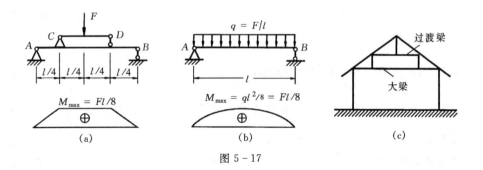

图 5-17

5.5.2 梁的合理截面

由弯曲正应力公式(5-6)可知,最大弯曲正应力与弯曲截面系数成反比,因此,设计梁的截面时,应当力求在不增加材料(不增大横截面面积)的前提下,使单位面积的弯曲截面系数 W_z/A 尽可能大。例如,图 5-18 所示的矩形截面悬臂梁,截面高度 h 大于宽度 b。竖放时的弯曲截面系数 $W_{z1}=\dfrac{bh^2}{6}$,横放时为 $W_{z2}=\dfrac{hb^2}{6}$,两者之比 $\dfrac{W_{z1}}{W_{z2}}=\dfrac{h}{b}$。所以,竖放时梁的弯曲强度比横放时高。

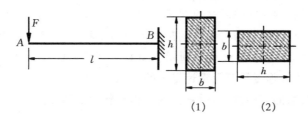

图 5-18

表 5-1 为工程中常见几种截面的 W_z/A 比值。

表 5-1 W_z/A 值

截面形状	矩形	圆形	环形	槽钢	工字钢
W_z/A	$0.167h$	$0.125h$	$0.205h$	$(0.27\sim0.31)h$	$(0.27\sim0.31)h$

表 5-1 说明,实心圆截面梁最不经济,槽钢和工字钢最好。这可从弯曲正应力的分布规律得到解释。由于弯曲正应力按线性分布,中性轴附近弯曲正应力很小,在截面的上、下边缘处弯曲正应力最大。因此,使横截面面积分布在距中性轴较远处可充分发挥材料的强度。工程中,大量采用的工字形和箱形截面梁,例如铁轨、起重机大梁等就是运用了这一原理。而圆形实心截面梁上、下边缘处的材料较少,中性轴附近的材料较多,因而不能做到材尽其用。对于需做成圆形截面的轴类构件,宜采用空心圆截面。

前已提及,塑性材料(如钢材)因其抗拉和抗压能力相同,因此,截面宜对称于中性轴,这样可使最大拉应力和最大压应力相等,并同时达到许用应力,使材料得到充分利用。对于铸铁一类抗拉和抗压能力不相等的脆性材料,设计截面时,应使中性轴靠近受拉的一侧,并使截面上最大拉应力和最大压应力同时接近或达到材料抗拉和抗压的许用应力。对于这类材料通常做成 T 字形等截面(图 5-6),其中性轴的合理位置由式(5-10)确定。

5.5.3 等强度梁概念

剪切弯曲时(图 5-19(a)),梁的弯矩一般随截面位置而变,在按最大弯矩设计的等截面梁中,除最大弯矩所在截面外,其他截面的材料强度均未得到较好发挥。因此,可根据弯矩变化规律,将其设计成变截面梁,使大弯矩截面的弯曲截面系数也大。当变截面梁上所有截面的最大正应力都相等,且等于许用应力时,这种梁就称为**等强度梁**,等强度梁充分利用了材料。图 5-19(b)、(c)所示的三角形梁、鱼腹梁就是按等强度梁概念设计得出的。

对于圆形截面的等强度梁,通常做成阶梯形状的变截面梁(图 5-19(d))。

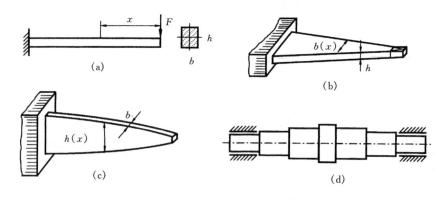

图 5-19

复习思考题

5-1 何谓平面弯曲、纯弯曲及剪切弯曲?

5-2 何谓中性层?何谓中性轴?中性轴为什么必然通过截面形心?

5-3 弯曲正应力公式是如何建立的?

5-4 何谓弯曲截面系数?试写出矩形和圆形截面的弯曲截面系数计算式。

5-5 梁剪切弯曲时,矩形、工字形、圆形及薄壁圆环截面最大切应力发生在何处?写出其计算式。

5-6 弯曲正应力公式和切应力公式的应用条件是什么?

5-7 梁弯曲强度条件是什么?

5-8 何谓等强度梁?试举出几个等强度梁的实例。

5-9 一铸铁梁弯矩图和横截面形状如图所示。从正应力强度考虑,图中何种截面形状最合理？

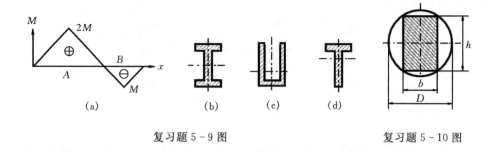

复习题 5-9 图　　　　　　　　　　　复习题 5-10 图

5-10　将圆木加工成矩形截面梁时，为了提高木梁的承载能力，我国宋代杰出的建筑师李诚在其所著的"营造法式"中曾提出：合理的高宽比应为三比二。请读者根据弯曲理论分析这个结论的合理性。

5-11　一钢筋混凝土复合梁，受力后弯矩图如图所示。为了发挥钢筋（图中虚线所示）的抗拉性能，最合理的配筋方案是图（　　）。

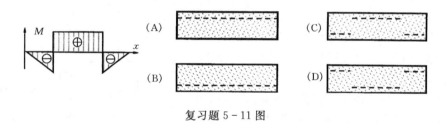

复习题 5-11 图

习　题

5-1　一工字形简支梁受力如图所示。已知 $M_B = 80$ kN·m，$l = 2$ m，$h = 40$ cm，$h_1 = 32$ cm，翼缘宽度 $b = 24$ cm，腹板宽度 $t = 2$ cm。求 B 截面上 a、c 两点的正应力和全梁最大的正应力。

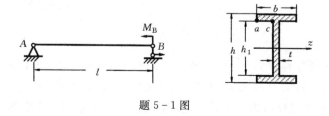

题 5-1 图

5-2 矩形截面木梁如图所示,已知 $F=20$ kN,$l=3$ m,$[\sigma]=20$ MPa,试校核梁弯曲正应力强度。

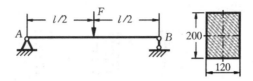

题 5-2 图

5-3 矩形截面钢梁受力如图所示。已知 $F=10$ kN,$q=5$ kN/m,$a=1$ m,$[\sigma]=160$ MPa。试确定截面尺寸 b。

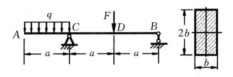

题 5-3 图

5-4 图示简支梁由 36a 工字钢制成。已知 $F=40$ kN,$M_D=150$ kN·m,$[\sigma]=160$ MPa。试校核梁的正应力强度。

5-5 图示简支梁承受均布载荷。若分别采用面积相等的实心和空心圆截面,且 $D_1=40$ mm,$l=2$ m,$d/D=0.6$。试分别计算它们的最大正应力;若许用应力为 $[\sigma]$,试问空心截面的许可载荷是实心截面的几倍?

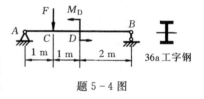

题 5-4 图

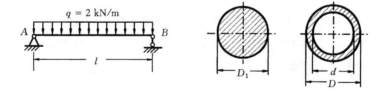

题 5-5 图

5-6 一根直径 d 为 1 mm 的直钢丝绕于直径 $D=600$ mm 的圆轴上,钢的弹性模量 $E=210$ GPa。(1)试求钢丝由于弯曲而产生的最大正应力;(2)若材料的比例极限 $\sigma_p=500$ MPa,为了不使钢丝产生残余变形,问轴径 D 应不小于多少?

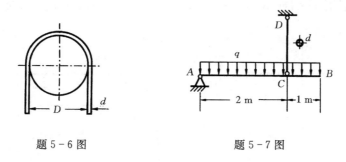

题 5-6 图   题 5-7 图

5-7 梁杆组合结构受力如图所示。梁 AB 为 10 工字钢,拉杆 CD 直径 $d=15$ mm,梁与杆的许用正应力 $[\sigma]=160$ MPa。试按正应力强度条件求许可分布载荷集度 $[q]$。

5-8 图示铸铁制成的槽形截面梁,C 为截面形心,$I_z=40\times10^6$ mm^4,$y_1=140$ mm,$y_2=60$ mm,$l=4$ m,$q=20$ kN/m,$M_A=20$ kN·m,$[\sigma]^+=40$ MPa,$[\sigma]^-=150$ MPa。(1) 作出最大正弯矩和最大负弯矩所在截面的应力分布图,并标明应力数值;(2) 校核梁的强度。

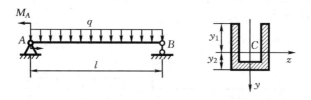

题 5-8 图

5-9 一正方形截面木梁,受力如图所示,$q=2$ kN/m,$F=5$ kN,木料的许用应力 $[\sigma]=10$ MPa。若在 C 截面的高度中间沿 z 方向钻一直径为 d 的横孔,在保证该梁的正应力强度条件下,试求圆孔的最大直径 d。

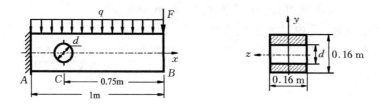

题 5-9 图

5-10 图示简支梁由 40a 工字钢制成,受载荷 $F=75$ kN 和梁的自重作用。

已知许用应力$[\sigma]=160$ MPa,$[\tau]=80$ MPa。试校核梁的正应力强度和切应力强度。

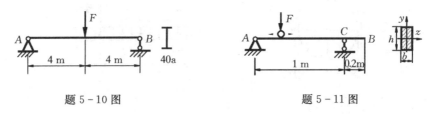

题 5-10 图   题 5-11 图

5-11 图示外伸木梁,截面为矩形,$h/b=1.5$,受行走于 AB 之间的载荷 $F=40$ kN 作用。已知$[\sigma]=10$ MPa,$[\tau]=3$ MPa。试求 F 在什么位置时梁为危险工作状况,并选择梁的截面尺寸。

5-12 简支梁受力如图所示,截面用标准工字钢。已知 $F=40$ kN,$q=1$ kN/m,$[\sigma]=100$ MPa,$[\tau]=80$ MPa。试选用工字钢型号。

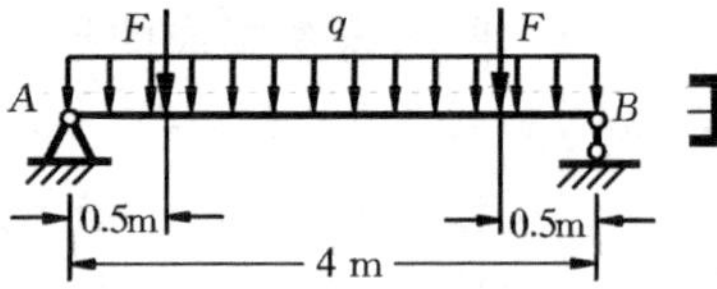

5-13 图示悬臂梁由两根材料相同的矩形截面梁组成。(1)若两根梁之间可以自由滑动,试比较 a、b 两种放置法梁的最大正应力;(2)若两根梁胶成一个整体,试比较 a、b 两种放置法梁的最大正应力。

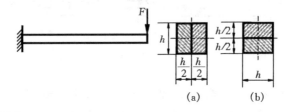

题 5-12 图

题 5-13 图

5-14 当载荷 F 直接作用在跨度 $l=6$ m 的简支梁 AB 的中点时,梁内最大正应力超过允许值 30%。为了消除此过载现象,拟配置如图所示的辅助梁 CD,试求此辅助梁的最小跨长 a。

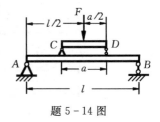

题 5-14 图

第 6 章 弯曲变形

6.1 概述

在许多工程问题中,需要考虑梁的变形。如图 6-1 所示的齿轮轴,若弯曲变形过大,将要影响齿轮的正常啮合,造成轴承严重磨损,产生振动和噪音;机床的主轴变形过大会影响加工精度;精密量具变形过大将影响测量精度。

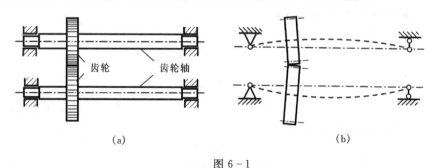

图 6-1

本章主要研究梁在平面弯曲时的变形计算和刚度问题,并对梁的超静定问题作简单介绍。

6.2 挠曲线近似微分方程

6.2.1 挠度与转角

研究梁的变形,首先必须确定度量变形的物理量。以图 6-2 所示简支梁为例,研究梁在平面弯曲时的变形。以梁变形前的轴线为 x 轴,左端为坐标原点,w 轴向上为正。发生平面弯曲时,杆轴线在

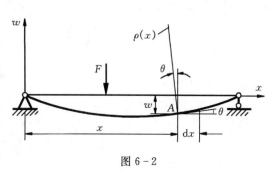

图 6-2

xw 平面内弯成一条连续光滑曲线,称为**挠曲线**。横截面形心在垂直于 x 轴方向的线位移称为**挠度**,用 w 表示,向上的挠度为正,反之为负。横截面绕中性轴转过的角度称为**转角**,用 θ 表示,逆时针转向的转角规定为正,反之为负。挠度和转角是度量弯曲变形的两个基本量。

梁变形后的挠度和转角随截面位置而变化,挠曲线方程和转角方程分别表示为

$$w = w(x), \quad \theta = \theta(x)$$

由图 6-2 可知,挠曲线上任一点 A 的切线与 x 轴的夹角等于 A 点所在横截面的转角 θ。在小变形条件下有

$$\theta \approx \tan\theta = \frac{dw}{dx} \tag{6-1}$$

即挠曲线上任一点处切线的斜率,等于该点处横截面的转角。

6.2.2 挠曲线近似微分方程

梁在纯弯曲时,曲率和弯矩的关系可用式(5-3)表示,即

$$\frac{1}{\rho} = \frac{M}{EI}$$

对于剪切弯曲,略去剪力对梁变形的影响,上式仍可适用。这时弯矩 M 和曲率半径 ρ 均为 x 的函数,上式改写成

$$\frac{1}{\rho(x)} = \frac{M(x)}{EI} \tag{a}$$

式中 $\rho(x)$ 为梁变形后轴线上任一点的曲率半径,$M(x)$ 为相应截面的弯矩。

由高等数学可知,平面曲线的曲率为

$$\frac{1}{\rho(x)} = \pm \frac{\dfrac{d^2 w}{dx^2}}{\left[1 + \left(\dfrac{dw}{dx}\right)^2\right]^{3/2}} \tag{b}$$

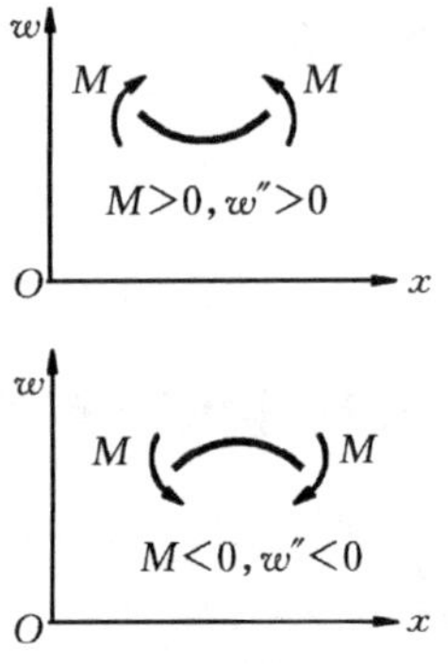

将式(b)代入式(a),并考虑到小变形时 $\dfrac{dw}{dx}$ 远小于 1,可得

$$\frac{d^2 w}{dx^2} = \pm \frac{M(x)}{EI} \tag{c}$$

$\dfrac{d^2 w}{dx^2}$ 与弯矩的正负号关系如图 6-3 所示,由图可以看出两者的正负号相同,所以式(c)右端应取正号,即

$$\frac{d^2 w}{dx^2} = \frac{M(x)}{EI} \tag{6-2}$$

图 6-3

上式称为**挠曲线近似微分方程**。于是,求解梁的弯曲变形问题归结为求解一个二阶常微分方程。

6.3 直接积分法

对于等截面直梁,EI 为常量,式(6-2)可改写成

$$EI \frac{\mathrm{d}^2 w}{\mathrm{d}x^2} = M(x)$$

积分一次可得转角方程

$$EI\theta = EI \frac{\mathrm{d}w}{\mathrm{d}x} = \int M(x)\mathrm{d}x + C \qquad (6-3(a))$$

再积分一次可得挠度方程

$$EIw = \iint M(x)\mathrm{d}x\mathrm{d}x + Cx + D \qquad (6-3(b))$$

上式中的 C、D 为积分常数,可用梁的边界条件和连续性条件来确定。

例 6-1 求图 6-4 所示悬臂梁的转角方程和挠曲线方程,并确定自由端 A 的转角和挠度,已知梁的抗弯刚度 EI。

解 (1) 列弯矩方程

$$M(x) = Fx$$

(2) 建立挠曲线近似微分方程并积分

挠曲线微分方程 $\quad EI \dfrac{\mathrm{d}^2 w}{\mathrm{d}x^2} = Fx$

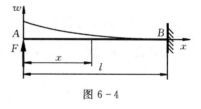

图 6-4

积分得

$$EI\theta = \frac{F}{2}x^2 + C \qquad (a)$$

$$EIw = \frac{F}{6}x^3 + Cx + D \qquad (b)$$

(3) 确定积分常数 在梁的固定端 B 处挠度和转角均为零,即

$$x = l, \quad w = 0 \qquad (c)$$

$$x = l, \quad \theta = 0 \qquad (d)$$

式(c)、(d) 称为**边界条件**,将其代入式(a)、(b)得

$$C = -\frac{Fl^2}{2}, \quad D = \frac{Fl^3}{3} \qquad (e)$$

(4) 建立转角方程和挠曲线方程 将 C、D 值代入式(a)、(b)得转角方程和挠曲线方程

$$\theta = \frac{F}{2EI}(x^2 - l^2) \tag{f}$$

$$w = \frac{F}{6EI}(x^3 - 3l^2 x + 2l^3) \tag{g}$$

(5) 自由端 A 的挠度和转角　梁的自由端 $A(x=0)$ 处转角和挠度由式(f)、(g)得

$$\theta(0) = -\frac{Fl^2}{2EI} \quad (\frown), \quad w(0) = \frac{Fl^3}{3EI} \quad (\uparrow)$$

讨论　由式(a)、(b)可见，积分常数 C、D 与坐标原点处的转角和挠度有如下关系：$C = EI\theta(0) = EI\theta_A$，$D = EIw(0) = EIw_A$。

例 6-2　图 6-5 所示简支梁 C 点受集中力 F。已知梁长 l、a、b 和抗弯刚度 EI，试求梁的转角方程和挠曲线方程，并确定梁的最大转角和最大挠度。

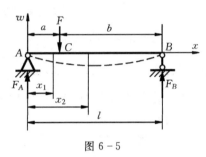

图 6-5

解　(1) 求支反力和列弯矩方程

由静力平衡方程求出支反力为

$$F_A = \frac{b}{l}F, \quad F_B = \frac{a}{l}F$$

分两个力区列弯矩方程：

AC 段 $(0 \leqslant x_1 \leqslant a)$　$M(x_1) = \frac{b}{l}Fx_1$

CB 段 $(a \leqslant x_2 \leqslant l)$　$M(x_2) = \frac{b}{l}Fx_2 - F(x_2 - a)$

(2) 列微分方程并积分

AC 段 $(0 \leqslant x_1 \leqslant a)$：

$$EI\frac{d^2 w_1}{dx_1^2} = \frac{b}{l}Fx_1$$

$$EI\theta_1 = \frac{b}{2l}Fx_1^2 + C_1 \tag{a_1}$$

$$EIw_1 = \frac{b}{6l}Fx_1^3 + C_1 x_1 + D_1 \tag{b_1}$$

CB 段 $(a \leqslant x_2 \leqslant l)$：

$$EI\frac{d^2 w_2}{dx_2^2} = \frac{b}{l}Fx_2 - F(x_2 - a)$$

$$EI\theta_2 = \frac{b}{2l}Fx_2^2 - \frac{F}{2}(x_2 - a)^2 + C_2 \tag{a_2}$$

$$EIw_2 = \frac{b}{6l}Fx_2^3 - \frac{F}{6}(x_2-a)^3 + C_2 x_2 + D_2 \qquad (b_2)$$

(3) 确定积分常数　有四个待定积分常数 C_1、C_2、D_1、D_2。支座约束给出两个位移边界条件，即

$$x_1 = 0 \quad w_1 = 0 \qquad (c)$$

$$x_2 = l \quad w_2 = 0 \qquad (d)$$

由于挠曲线是光滑而连续的，因此，在截面 C 左右两边的转角和挠度彼此相等，给出两个**连续条件**，即

$$x_1 = x_2 = a \quad \theta_1 = \theta_2 \qquad (e)$$

$$x_1 = x_2 = a \quad w_1 = w_2 \qquad (f)$$

将式(e)代入式(a_1)、(a_2)得

$$C_1 = C_2$$

将式(f)代入式(b_1)、(b_2)得

$$D_1 = D_2$$

将式(c)代入式(b_1)得

$$D_1 = D_2 = 0$$

将式(d)代入式(b_2)得

$$C_1 = C_2 = -\frac{Fb}{6l}(l^2 - b^2)$$

(4) 建立转角方程和挠曲线方程　将 C_1、C_2、D_1、D_2 值代入式(a)、(b)得两段梁的转角方程和挠曲线方程

AC 段($0 \leqslant x_1 \leqslant a$)

$$EI\theta_1 = \frac{Fb}{6l}(3x_1^2 - l^2 + b^2) \qquad (g)$$

$$EIw_1 = \frac{Fb}{6l}[x_1^3 - (l^2 - b^2)x_1] \qquad (h)$$

CB 段($a \leqslant x_2 \leqslant l$)

$$EI\theta_2 = \frac{Fb}{6l}\left[3x_2^2 - \frac{3l}{b}(x_2-a)^2 - l^2 + b^2\right] \qquad (i)$$

$$EIw_2 = \frac{Fb}{6l}\left[x_2^3 - \frac{l}{b}(x_2-a)^3 - (l^2 - b^2)x_2\right] \qquad (j)$$

(5) 梁的最大转角和最大挠度　简支梁的最大转角将发生在两个支座处

$$\theta_A = -\frac{Fab}{6EIl}(l+b) \quad (\frown)$$

$$\theta_B = \frac{Fab}{6EIl}(l+a) \quad (\frown)$$

简支梁的最大挠度发生在 $\theta=0$ 处$(x=x_0)$,若 $a>b$ 则由式(g)及(h)得

$$x_0 = \sqrt{\frac{l^2-b^2}{3}}, \quad w_{\max} = \frac{Fb\sqrt{(l^2-b^2)^3}}{9\sqrt{3}EIl} \quad (\downarrow) \tag{k}$$

讨论 (1) 当集中力 F 作用于梁中央时,即 $a=b$,最大挠度将发生在 $x=\dfrac{l}{2}$ 处,其值为

$$w_{\max} = \frac{Fl^3}{48EI} \quad (\downarrow)$$

而最大转角发生在两端支座处

$$\theta_B = -\theta_A = \frac{Fl^2}{16EI}$$

(2) 当集中力 F 无限靠近支座时,$b\to 0$ 时,由式(k)可得最大挠度的位置

$$x_0 = \frac{l}{\sqrt{3}} \approx 0.577l$$

由此可见,不论集中力作用于何处,简支梁的最大挠度都发生在梁中央附近。进一步分析可知,用中点挠度代替最大挠度所引起的误差小于 3%,可满足一般的工程要求。

6.4 用叠加法求梁的变形

直接积分法是求梁变形的基本方法,当梁上载荷较复杂或是变截面梁,运算就显得繁杂。工程上,计算梁指定截面的变形值,如只要求梁的最大挠度或最大转角时常采用叠加法。

由前述例题可以看出,在小变形且材料服从胡克定律的情况下,挠度和转角是载荷的线性函数。因此,当梁上有几个载荷同时作用时,可以先分别计算每一载荷单独作用时梁所产生的变形,然后按代数值相加,即得梁的实际变形。这种方法称为计算变形的**叠加法**。

附录 B 列出了几种常用的梁在简单载荷作用下的挠度和转角公式。下面通过例题说明如何利用附录 B 计算梁的变形。

例 6-3 图 6-6(a)所示等截面简支梁受均布载荷 q 和集中力 F 作用,已知梁的抗弯刚度 EI。试求梁中点 C 的挠度。

解 由叠加原理知,图 6-6(a)所示梁的变形等于图 6-6(b)与(c)两种受力情况变形的叠加,所以

$$w_C = w_{C_q} + w_{CF} \tag{a}$$

查附录 B 得

$$w_{Cq} = -\frac{5ql^4}{384EI} \quad (\downarrow)$$

$$w_{CF} = -\frac{Fl^3}{48EI} \quad (\downarrow)$$

代入式(a)得

$$w_C = -\frac{5ql^4}{384EI} - \frac{Fl^3}{48EI} \quad (\downarrow)$$

例 6-4 求图 6-7(a)所示阶梯形变截面梁自由端 C 的转角和挠度。已知梁 AB 段和 BC 段的抗弯刚度分别为 EI_1 和 EI_2。

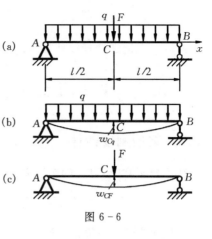

图 6-6

解 由于 AB 段和 BC 段抗弯刚度不同,可将梁分为两段计算变形。

(1) 计算 BC 段变形 先将 AB 段视为刚体,这样 BC 段就相当于固定在 B 截面的悬臂梁,如图 6-7(b)所示。查附录 B 得 C 截面处的转角和挠度分别为

$$\theta_{C2} = -\frac{Fl_2^2}{2EI_2} \quad (\frown)$$

$$w_{C2} = -\frac{Fl_2^3}{3EI_2} \quad (\downarrow)$$

(2) 计算 AB 段变形 再将 BC 段视为刚体,将集中力 F 向 B 截面简化,得到集中力 F 和力偶 Fl_2,如图 6-7(c)所示。这些

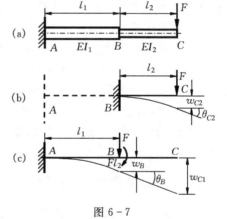

图 6-7

力使 AB 段梁变形,引起 B 截面处的转角和挠度,分别查附录 B 得

$$\theta_B = -\frac{Fl_1^2}{2EI_1} - \frac{Fl_2 l_1}{EI_1}(\frown), \quad w_B = -\frac{Fl_1^3}{3EI_1} - \frac{Fl_2 l_1^2}{2EI_1} \quad (\downarrow)$$

梁 AB 段变形时,BC 段保持直线,但转过一个角度 θ_B,也要引起 C 截面处的转角和挠度,因此

$$\theta_{C1} = \theta_B = -\frac{Fl_1^2}{2EI_1} - \frac{Fl_2 l_1}{EI_1} \quad (\frown)$$

$$w_{C1} = w_B + \theta_B \cdot l_2 = -\frac{Fl_1^3}{3EI_1} - \frac{Fl_2 l_1^2}{EI_1} - \frac{Fl_1 l_2^2}{EI_1} \quad (\downarrow)$$

(3) 用叠加法计算出阶梯梁 C 截面的转角和挠度,分别为

$$\theta_C = \theta_{C1} + \theta_{C2} = -\frac{Fl_1^2}{2EI_1} - \frac{Fl_2 l_1}{EI_1} - \frac{Fl_2^2}{2EI_2} \quad (\frown)$$

$$w_C = w_{C1} + w_{C2} = -\frac{Fl_1^3}{3EI_1} - \frac{Fl_2 l_1^2}{EI_1} - \frac{Fl_1 l_2^2}{EI_1} - \frac{Fl_2^3}{3EI_2} \quad (\downarrow)$$

讨论 本例这种分段计算变形,然后代数相加的方法称为**分段刚化**。

6.5 梁的刚度条件和提高弯曲刚度的措施

6.5.1 梁的刚度条件

在工程实际中,对梁的刚度要求为最大转角和最大挠度不超过规定的限度,即

$$\theta_{\max} \leqslant [\theta] \qquad (6-4)$$

$$w_{\max} \leqslant [w] \qquad (6-5)$$

式(6-4)和式(6-5)称为受弯构件的刚度条件,其中,$[\theta]$和$[w]$分别为构件的**许用转角**和**许用挠度**,$[\theta]$的单位为弧度(rad)。它们的数值与梁的工作条件有关,可参照有关规范确定,例如:

普通机床主轴　　$[w] = (0.0001 \sim 0.0005)l$

$\qquad\qquad\qquad\quad [\theta] = (0.001 \sim 0.005)$ rad

起重机大梁　　　$[w] = (0.001 \sim 0.005)l$

发动机凸轮轴　　$[w] = (0.05 \sim 0.06)$ mm

在梁的设计中,一般先根据强度条件选择梁的截面尺寸,再用刚度条件进行校核。

6.5.2 提高弯曲刚度的措施

由式(6-3)可以看出,梁的挠度和转角不仅与梁的支承或载荷有关,还与梁的材料、截面及跨度有关。

在弯曲应力一章中,讨论过提高梁强度的措施,对于提高梁的刚度一般也是适用的。需要着重指出的是梁的跨度对刚度影响要比对强度影响大得多,减小梁的跨度,对提高刚度的作用特别显著。

例 6-5 一车床主轴的计算简图如图 6-8 所示。已知切削力为 $F_1 = 1.2$ kN,齿轮啮合力 $F_2 = 1$ kN,主轴 AB 段内径 $d = 38$ mm,外径 $D = 76$ mm,$l = 400$ mm,设 $a = l/2$,$E = 200$ GPa,外伸段抗弯刚度可近似地视为与主轴相同。若要求 C 点挠度不得超过 $0.0001l$,轴承 B 处转角不得超过 0.001 rad,试校核主轴的刚度。

解 主轴的变形为力 F_1 和力 F_2 单独作用引起变形的叠加,查附录 B 得

$$w_C = w_C(F_1) + w_C(F_2) = \frac{F_1 a^2}{3EI}(l+a) + \frac{F_2 l^2 a}{16EI}$$

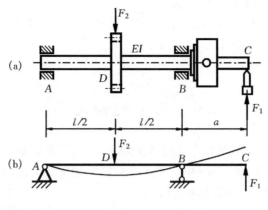

图 6-8

$$\theta_B = \theta_B(F_1) + \theta_B(F_2) = \frac{F_1 al}{3EI} + \frac{F_2 l^2}{16EI}$$

由于 $l = 2a$，以上两式可简化为

$$w_C = \frac{F_1 a^3}{EI} + \frac{F_2 a^3}{4EI} = \left(F_1 + \frac{F_2}{4}\right)\frac{a^3}{EI}$$

$$\theta_B = \frac{2F_1 a^2}{3EI} + \frac{F_2 a^2}{4EI} = \left(\frac{2F_1}{3} + \frac{F_2}{4}\right)\frac{a^2}{EI}$$

主轴横截面的惯性矩为

$$I = \frac{\pi}{64}(D^4 - d^4)$$

$$= \frac{\pi}{64}[(76 \times 10^{-3} \text{m})^4 - (38 \times 10^{-3} \text{m})^4] = 154 \times 10^{-8} \text{m}^4$$

主轴 C 点的挠度为

$$w_C = \left(F_1 + \frac{F_2}{4}\right)\frac{a^3}{EI}$$

$$= \left(1.2 \times 10^3 \text{N} + \frac{1 \times 10^3 \text{N}}{4}\right) \times \frac{(0.2 \text{ m})^3}{200 \times 10^9 \text{N/m}^2 \times 154 \times 10^{-8} \text{m}^4}$$

$$= 3.77 \times 10^{-5} \text{ m}$$

主轴 B 处的转角为

$$\theta_B = \left(\frac{2F_1}{3} + \frac{F_2}{4}\right)\frac{a^2}{EI}$$

$$= \left(\frac{2 \times 1.2 \times 10^3 \text{ N}}{3} + \frac{1 \times 10^3 \text{ N}}{4}\right) \times \frac{(0.2 \text{ m})^2}{200 \times 10^9 \text{N/m}^2 \times 154 \times 10^{-8} \text{m}^4}$$

$$= 1.36 \times 10^{-4} \text{ rad}$$

主轴的许用挠度和许用转角为

$$[w] = 0.000\,1l = 0.000\,1 \times 400 \times 10^{-3}\,\mathrm{m} = 4 \times 10^{-5}\,\mathrm{m} > w_C$$

$$[\theta] = 0.001 = 1 \times 10^{-3}\,\mathrm{rad} > \theta_B$$

所以主轴满足刚度条件。

6.6 简单超静定梁

图 6-9(a)所示一承受均布载荷简支梁,为了提高梁的承载能力,在跨度的中点增加一可动铰支座,如图 6-9(b)所示。此时梁的支反力由两个变为三个,但静力平衡方程只有两个,支反力不能由静力平衡条件唯一确定,这种梁称为**超静定梁**。

比较图 6-9(a)和(b),显然,由于增加了中间支座,使梁的变形减小,提高了梁的刚度。

在 6-9(b)所示的梁中,对于维持梁的静力平衡来说,有一个支座是"多余"的,故称它为"多余约束"。相应的支反力称为"多余约束力"。与拉压超静定问题类似,求解超静定梁的关键是寻找变形条件,建立补充方程。

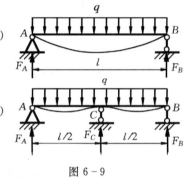

图 6-9

求解超静定梁问题的方法有多种,下面通过例题介绍求解超静定梁的初步方法——**变形比较法**。

例 6-6 求图 6-10(a)所示超静定梁的支反力。已知均布载荷 q,梁的跨度长 l 和抗弯刚度 EI。

解 (1) 选定多余约束 以 B 点处约束为多余约束。解除 B 点约束,以 F_B 为多余约束力作用于梁上,如图 6-10(b)。

(2) 列变形条件 根据叠加原理,B 点处的挠度应为载荷 q 和多余约束力 F_B 产生的挠度 w_{Bq} 和 w_{BF} 的代数和。由 B 点处实际的约束情况可知,B 点的挠度应为零,故变形条件为

$$w_B = w_{Bq} + w_{BF} = 0 \qquad (a)$$

(3) 物理条件 由附录 B 得

$$w_{Bq} = -\frac{ql^4}{8EI} \quad (\downarrow) \qquad (b)$$

$$w_{BF} = \frac{F_B l^3}{3EI} \quad (\uparrow) \qquad (c)$$

(4) 将式(b)、(c)代入式(a)得补充方程

$$\frac{F_B l^3}{3EI} - \frac{ql^4}{8EI} = 0$$

解得

$$F_B = \frac{3}{8}ql$$

(5) 由静力平衡条件求得 A 处支反力

$$F_A = \frac{5}{8}ql, \quad M_A = \frac{1}{8}ql^2$$

讨论 (1) 在求得"多余"约束力后，求解超静定梁的强度与刚度问题就和静定梁一样了。

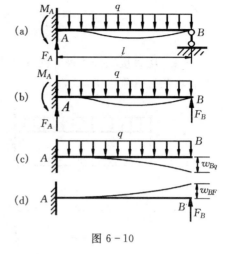

图 6-10

(2) 本例也可设支座 A 转动约束为多余约束，以支座 A 处的支反力偶矩为多余约束力，其求解方法和结果是相同的。

复习思考题

6-1 何谓挠曲线？何谓挠度及转角？挠度和转角间有什么关系？

6-2 说明公式 $\dfrac{1}{\rho(x)} = \dfrac{M(x)}{EI}$ 和 $\dfrac{d^2 w}{dx^2} = \dfrac{M(x)}{EI}$ 的应用条件。

6-3 用直接积分法求梁的变形时，积分常数是如何确定的？

6-4 在什么条件下才能应用叠加法？

6-5 何谓超静定梁？简述求解超静定梁的变形比较法。

6-6 图示三根相同材料制成的简支梁，其截面和抗弯刚度均相同。在各梁的中点作用有相同的集中力 F，试求三梁的最大弯曲正应力及最大挠度之比。

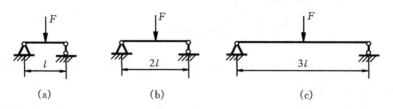

复习题 6-6 图

习 题

6-1 用直接积分法求下列各梁的挠曲线方程和转角方程及最大挠度和最大转角。梁的抗弯刚度 EI 为已知。

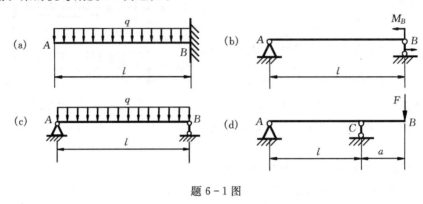

题 6-1 图

6-2 用叠加法求下列各梁 C 截面的挠度和 B 截面的转角。梁的抗弯刚度 EI 为已知。

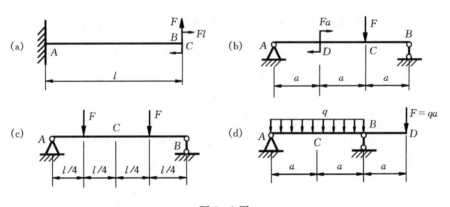

题 6-2 图

6-3 用叠加法求图示阶梯形变截面梁 C 截面的挠度和 B 截面的转角。梁的抗弯刚度 EI 为已知。

6-4 水平直角折杆 CAB 在 A 处有一轴承,允许 AC 段绕自身的轴线自由转动,但 A 处不能上、下移动,已知 $F=60$ N,$b=5$ mm,$h=10$ mm,$d=20$ mm,$l=500$ mm,$a=300$ mm,$E=210$ GPa,$G=0.4E$,试求 B 处的垂直位移。

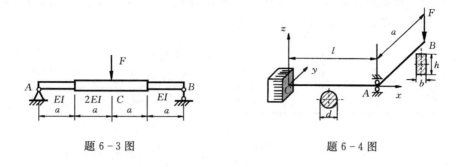

题 6-3 图　　　　　　　　　　题 6-4 图

6-5　图示实心圆截面轴,两端用轴承支撑,已知 $F=20$ kN,$a=400$ mm,$b=200$ mm。轴承许用转角 $[\theta]=0.05$ rad,$[\sigma]=60$ MPa,材料弹性模量 $E=200$ GPa,试确定轴的直径 d。

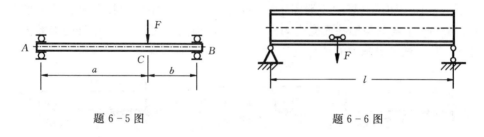

题 6-5 图　　　　　　　　　　题 6-6 图

6-6　桥式起重机计算简图如图所示,起重机大梁为 32a 工字钢,最大起重载荷 $F=20$ kN,已知 $E=210$ GPa,$l=8.76$ m,规定的许可挠度 $[w]=0.002l$。试校核梁的刚度。

6-7　试求图示各超静定梁的支反力,并作出弯矩图。梁弯曲刚度 EI 为已知。

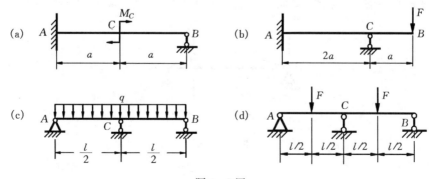

题 6-7 图

6-8 图示两悬臂梁 AC 与 CB 在 C 点用铰链连接。试求在铰链上加力 F 后 C 点的挠度。设 $l_1/l_2=3/2, EI_1/EI_2=4/5$。

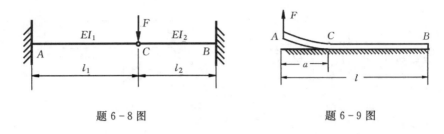

题 6-8 图　　　　　　　　题 6-9 图

*6-9 图示实心圆形截面直杆放置在水平刚性平面上，单位长度重量为 q，长度为 l，弹性模量为 E，受力 $F=ql/4$ 后，未提起部分仍保持与平面密合。试求提起部分的长度 a 和提起的高度 w_A。

*6-10 图示悬臂梁一端固定在半径为 R 的光滑刚性圆柱面上。若要使弯曲后梁 AB 上各处与圆柱面完全吻合，且梁与曲面间无接触压力，正确的加载方式是哪一种？试求应施加的载荷值。

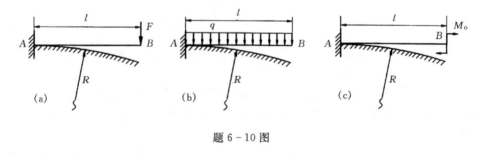

题 6-10 图

*6-11 简支梁受移动载荷 F 作用，梁的弯曲刚度为 EI。若要求载荷移动时的轨迹是一条水平直线，试问应先把梁弯成什么形状（用 $w=w(x)$ 表示）？

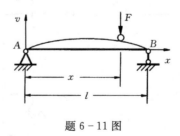

题 6-11 图

第7章 应力状态分析和强度理论

7.1 应力状态的概念

前面章节讨论了杆件在基本变形时横截面上的应力,并建立了相应的强度条件。一般情况下,受力构件内各点处的应力不同,且过同一点不同方位截面上的应力也不同。为了研究构件的强度问题,必须全面了解构件内各点不同方位截面上的应力情况,从而建立构件在一般受力情况下的强度条件。杆件内一点不同方位截面上的应力情况,称为该点的**应力状态**。

研究一点的应力状态,通常是围绕该点截取一个微小的正六面体,即单元体来考虑,并用单元体六个面上的应力来表示该点的应力状态。由于单元体极其微小,可以认为单元体各个面上的应力是均匀分布的,且每一对互相平行截面上的应力大小相等、方向相反,具有相同的符号。这样,三对互相平行截面上的应力就表示过该点三个相互垂直截面上的应力。当单元体上三个相互垂直截面上的应力已知时,则可以通过截面法求出过该点任一斜截面上的应力,从而确定该点的应力状态。截取单元体时,应使其三对相互平行截面上的应力已知。

图7-1(a)所示的悬臂梁,在自由端受到横向力 F 作用,现分别围绕梁上 A、B、C 三点截取单元体,由图7-1(b)所示应力沿横截面高度的变化规律可知,A 点只有正应力,B 点只有切应力,C 点既有正应力又有切应力,围绕 A、B、C 三点截取的单元体如图7-1(c)所示。单元体的前后两面为平行于轴线的纵向截面,在这些面上没有应力,左右两面为横截面的一部分,根据切应力互等定理,单元体 B 和 C 的上下两面有与横截面数值相等的切应力,三点各面上的应力可由第5章中相应的应力公式求出。注意到各单元体前后面上均无应力,因此也可用图7-1(d)所示的平面视图表示。

在图7-1(c)中,A 点三个相互垂直的面上切应力等于零,B 和 C 点前后两面上的切应力也等于零,单元体上切应力等于零的面称为**主平面**,主平面上的正应力称为**主应力**。一般情况下,通过构件内任一点总可找到三个相互垂直的主平面,由三对主平面截出的单元体称为**主单元体**,因此每一点都有三个主应力,分别用 σ_1、σ_2、σ_3 表示,并按代数值的大小顺序排列,即 $\sigma_1 \geqslant \sigma_2 \geqslant \sigma_3$。当三个主应力中只有一

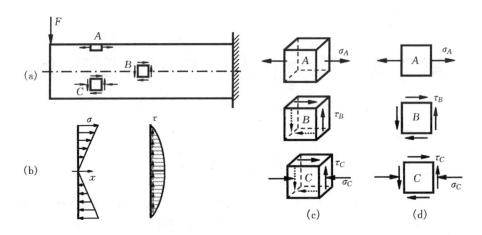

图 7-1

个主应力不为零时,称为**单向应力状态**,如图 7-1(c)中的 A 点,也称为**简单应力状态**;当三个主应力中有两个主应力不为零时,称为**二向(或平面)应力状态**,如图 7-1(c)中的 B、C 点;当三个主应力全都不为零时,称为**三向(或空间)应力状态**(图 7-2),二向和三向应力状态统称为**复杂应力状态**。

本章主要分析工程中常见的平面应力状态。

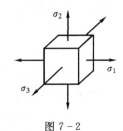

图 7-2

7.2 平面应力状态分析的解析法

7.2.1 斜截面上的应力

平面应力状态的一般情况如图 7-3(a)所示,在单元体上,与 x 轴、y 轴和 z 轴垂直的平面分别称为 **x 截面、y 截面和 z 截面**,设 x、y 截面上分别作用已知应力 σ_x、τ_x 和 σ_y、τ_y。z 截面上应力为零,该截面是主平面。单元体的平面视图如图 7-3(b)所示。应力的符号规定如前所述,图中的 σ_x、σ_y 和 τ_x 为正值,τ_y 为负值。现在来求单元体上和 z 截面垂直的任一斜截面 ac 上的应力。

设斜截面 ac 的外法线 n 与 x 轴的夹角为 α,此斜截面称为 **α 截面**,规定 α 角从 x 轴正向逆时针转到斜截面外法线 n 时为正。运用截面法,用斜截面 ac 将单元体截分为两部分,取左下半部分棱柱体 abc 为研究对象,α 截面上的应力分别用 σ_α 和 τ_α 表示,如图 7-3(c)所示。设斜截面 ac 的面积为 A_α,则 ab 面和 bc 面的面积分别

第 7 章 应力状态分析和强度理论

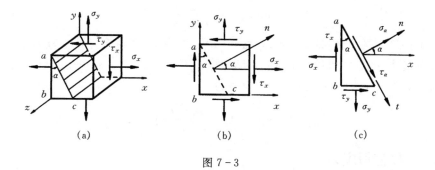

图 7-3

为 $A_\alpha\cos\alpha$ 和 $A_\alpha\sin\alpha$。考虑棱柱体 abc 的平衡,列出法线 n 和切线 t 方向的静力平衡方程

$$\sum F_n = 0, \quad \sigma_\alpha A_\alpha - (\sigma_x A_\alpha \cos\alpha)\cos\alpha + (\tau_x A_\alpha \cos\alpha)\sin\alpha$$
$$- (\sigma_y A_\alpha \sin\alpha)\sin\alpha + (\tau_y A_\alpha \sin\alpha)\cos\alpha = 0$$

$$\sum F_t = 0, \quad \tau_\alpha A_\alpha - (\sigma_x A_\alpha \cos\alpha)\sin\alpha - (\tau_x A_\alpha \cos\alpha)\cos\alpha$$
$$+ (\sigma_y A_\alpha \sin\alpha)\cos\alpha + (\tau_y A_\alpha \sin\alpha)\sin\alpha = 0$$

注意到 τ_x 和 τ_y 数值上相等,利用三角公式,上两式可简化为

$$\sigma_\alpha = \frac{\sigma_x + \sigma_y}{2} + \frac{\sigma_x - \sigma_y}{2}\cos 2\alpha - \tau_x \sin 2\alpha \tag{7-1}$$

$$\tau_\alpha = \frac{\sigma_x - \sigma_y}{2}\sin 2\alpha + \tau_x \cos 2\alpha \tag{7-2}$$

式(7-1)和(7-2)即为平面应力状态单元体上任一斜截面上应力 σ_α、τ_α 的计算公式,计算时 σ_x、σ_y、τ_x 和 α 均以代数值代入。

由式(7-1)和(7-2)可知,σ_α 和 τ_α 随角度 α 的改变而变化。利用以上公式可求得极值正应力和切应力。

7.2.2 主平面与主应力

极值正应力所在的平面可由式(7-1)通过导数 $\dfrac{d\sigma_\alpha}{d\alpha}=0$ 求出,即

$$\frac{d\sigma_\alpha}{d\alpha} = \frac{\sigma_x - \sigma_y}{2}(-2\sin 2\alpha) - \tau_x(2\cos 2\alpha) = 0$$

即

$$\frac{\sigma_x - \sigma_y}{2}\sin 2\alpha + \tau_x \cos 2\alpha = 0 \tag{7-3}$$

比较式(7-3)和(7-2)可知,极值正应力所在的截面就是切应力 τ_α 等于零的截面,即主平面。以 α_0 表示主平面的法线与 x 轴的夹角,由式(7-3)解得

$$\tan 2\alpha_0 = -\frac{2\tau_x}{\sigma_x - \sigma_y} \qquad (7-4)$$

上式可求得 α_0 两个解,即 α_0' 和 $\alpha_0'' = \alpha_0' + 90°$,它们确定了两个互相垂直的主平面,分别为最大正应力和最小正应力所在的平面。由式(7-4)可求出 $\cos 2\alpha_0$ 和 $\sin 2\alpha_0$,将其代入式(7-1)得两个主应力为

$$\begin{matrix}\sigma_{\max}\\ \sigma_{\min}\end{matrix} = \frac{\sigma_x + \sigma_y}{2} \pm \sqrt{\left(\frac{\sigma_x - \sigma_y}{2}\right)^2 + \tau_x^2} \qquad (7-5)$$

7.2.3 极值切应力

极值切应力所在的平面可由公式(7-2)通过导数 $\dfrac{\mathrm{d}\tau_\alpha}{\mathrm{d}\alpha}=0$ 求得。以 α_1 表示极值切应力所在平面的法线与 x 轴的夹角,则

$$\tan 2\alpha_1 = \frac{\sigma_x - \sigma_y}{2\tau_x} \qquad (7-6)$$

α_1 也有两个解,即 α_1' 和 $\alpha_1'' = \alpha_1' + 90°$,从而确定了两个互相垂直的平面。由式(7-6)求出 $\cos 2\alpha_1$ 和 $\sin 2\alpha_1$,将其代入式(7-2)得到两个极值切应力为

$$\begin{matrix}\tau_{\max}\\ \tau_{\min}\end{matrix} = \pm \sqrt{\left(\frac{\sigma_x - \sigma_y}{2}\right)^2 + \tau_x^2} \qquad (7-7)$$

比较式(7-4)和(7-6)可得 $\alpha_1 = \alpha_0 \pm 45°$,说明极值切应力所在平面与主平面成 $45°$ 夹角。

例 7-1 单元体受力如图 7-4(a)所示(应力单位:MPa),试用解析法求:(1) $\alpha = -30°$ 斜截面上的应力;(2) 单元体上主应力及主平面的方位。(3) 极值切应力。

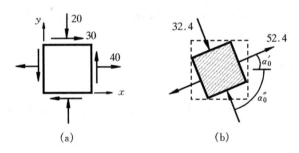

图 7-4

解 (1) 计算 $\alpha = -30°$ 斜截面上的应力 由图 7-4(a)可知,$\sigma_x = 40$ MPa,$\sigma_y = -20$ MPa,$\tau_x = -30$ MPa。代入式(7-1)和(7-2)得

$$\sigma_{-30°} = \frac{\sigma_x+\sigma_y}{2} + \frac{\sigma_x-\sigma_y}{2}\cos2\alpha - \tau_x\sin2\alpha$$

$$= \frac{40\text{ MPa}-20\text{ MPa}}{2} + \frac{40\text{ MPa}+20\text{ MPa}}{2}\cos(-60°) +$$

$$30\text{ MPa }\sin(-60°)$$

$$= -0.98\text{ MPa}$$

$$\tau_{-30°} = \frac{\sigma_x-\sigma_y}{2}\sin2\alpha + \tau_x\cos2\alpha$$

$$= \frac{40\text{ MPa}+20\text{ MPa}}{2}\sin(-60°) - 30\text{ MPa }\cos(-60°) = -23.66\text{ MPa}$$

(2) 计算主应力及主平面的方位　由式(7-4)得

$$\tan2\alpha_0 = -\frac{2\tau_x}{\sigma_x-\sigma_y} = -\frac{2\times(-30\text{ MPa})}{40\text{ MPa}+20\text{ MPa}} = 1$$

由此解得主平面外法线与 x 轴的夹角为

$$\alpha_0' = 22.5°,\quad \alpha_0'' = \alpha_0' - 90° = -67.5°$$

将已知应力代入主应力公式(7-5)得

$$\genfrac{}{}{0pt}{}{\sigma_{\max}}{\sigma_{\min}} = \frac{\sigma_x+\sigma_y}{2} \pm \sqrt{\left(\frac{\sigma_x-\sigma_y}{2}\right)^2 + \tau_x^2}$$

$$= \frac{40\text{ MPa}-20\text{ MPa}}{2} \pm \sqrt{\left(\frac{40\text{ MPa}+20\text{ MPa}}{2}\right)^2 + (-30\text{ MPa})^2}$$

$$= \genfrac{}{}{0pt}{}{+52.4\text{ MPa}}{-32.4\text{ MPa}}$$

所以主应力 $\sigma_1 = 52.4$ MPa，$\sigma_2 = 0$，$\sigma_3 = -32.4$ MPa，如图 7-4(b)所示。

(3) 极值切应力

$$\genfrac{}{}{0pt}{}{\tau_{\max}}{\tau_{\min}} = \pm\sqrt{\left(\frac{\sigma_x-\sigma_y}{2}\right)^2 + \tau_x^2} = \pm\sqrt{\left(\frac{40\text{ MPa}+20\text{ MPa}}{2}\right)^2 + (-30\text{ MPa})^2}$$

$$= \genfrac{}{}{0pt}{}{+42.4\text{ MPa}}{-42.4\text{ MPa}}$$

7.3　平面应力状态分析的图解法

7.3.1　应力圆

平面应力状态除了用解析法外，还可以用图解法进行分析。

由于式(7-1)、(7-2)都是 2α 的参数方程，消去参数 2α 可得到 σ_α 和 τ_α 之间

的关系式。将式(7-1)右端的第一项 $\dfrac{\sigma_x+\sigma_y}{2}$ 移至方程左端，然后将二式平方后相加，得

$$\left(\sigma_\alpha-\dfrac{\sigma_x+\sigma_y}{2}\right)^2+\tau_\alpha^2=\left(\dfrac{\sigma_x-\sigma_y}{2}\right)^2+\tau_x^2$$

上式是以 σ_α 和 τ_α 为变量的方程。若取横坐标为 σ，纵坐标为 τ，则上式所表示的图形是一个圆，其圆心坐标为 $\left(\dfrac{\sigma_x+\sigma_y}{2},0\right)$，圆半径为 $R=\sqrt{\left(\dfrac{\sigma_x-\sigma_y}{2}\right)^2+\tau_x^2}$。这个圆称为**应力圆**，或**莫尔(Mohr)圆**。圆周上一点的坐标就代表单元体的某一截面上的应力。

现以图 7-5(a)所示的单元体为例，说明应力圆的作法。设单元体的应力 σ_x、τ_x 和 σ_y、τ_y 均为已知，且 $\sigma_x>\sigma_y>0$，$\tau_x>0$。可按下列步骤作出相应的应力圆。

(1) 作 σ-τ 直角坐标系，选定适当的应力比例尺；
(2) 量取 $\overline{OA}=\sigma_x$，$\overline{AD_1}=\tau_x$，得到 D_1 点，D_1 点对应于 x 截面；
(3) 量取 $\overline{OB}=\sigma_y$，$\overline{BD_2}=\tau_y=-\tau_x$，得到 D_2 点，D_2 点对应于 y 截面；
(4) 连接 D_1、D_2 两点，交 σ 轴于 C 点，以 C 点为圆心，$\overline{CD_1}$ 为半径作圆，即得所求应力圆，如图 7-5(b)所示。

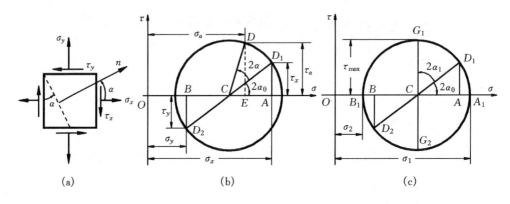

图 7-5

作出应力圆后，若要确定单元体 α 斜截面上的应力，可以从 D_1 点开始，按照单元体上 α 角的转向，沿着圆周转过 2α 圆心角，得到 D 点，D 点的横坐标和纵坐标分别就是 α 斜截面上的正应力 σ_α 和切应力 τ_α。可证明如下：

在图 7-5(b)中，设 $\overline{AD_1}$ 所对应的圆心角为 $2\alpha_0$，由图可知

$$\overline{OC}=\dfrac{\overline{OA}+\overline{OB}}{2}=\dfrac{\sigma_x+\sigma_y}{2}$$

$$\overline{CA} = \overline{CD_1}\cos2\alpha_0 = \frac{\overline{OA}-\overline{OB}}{2} = \frac{\sigma_x - \sigma_y}{2}$$

$$\overline{AD_1} = \overline{CD_1}\sin2\alpha_0 = \tau_x$$

$$\overline{CD} = \overline{CD_1} = \sqrt{\overline{CA}^2 + \overline{AD_1}^2} = \sqrt{\left(\frac{\sigma_x - \sigma_y}{2}\right)^2 + \tau_x^2}$$

D 点的横坐标

$$\overline{OE} = \overline{OC} + \overline{CE} = \overline{OC} + \overline{CD}\cos(2\alpha + 2\alpha_0) = \overline{OC} + \overline{CD_1}\cos(2\alpha + 2\alpha_0)$$
$$= \overline{OC} + \overline{CD_1}\cos2\alpha_0\cos2\alpha - \overline{CD_1}\sin2\alpha_0\sin2\alpha$$
$$= \frac{\sigma_x + \sigma_y}{2} + \frac{\sigma_x - \sigma_y}{2}\cos2\alpha - \tau_x\sin2\alpha$$

将上式与式(7-1)比较可知 $\overline{OE} = \sigma_\alpha$。同理可证明 D 点的纵坐标 $\overline{ED} = \tau_\alpha$。

显然,应力圆与单元体之间有着一一对应的关系:(1) 应力圆上的一个点对应于单元体上的一个面,点的横坐标和纵坐标分别是该截面上的正应力和切应力;(2) 应力圆上任意两点之间的圆心角,等于单元体上两对应截面之间夹角的两倍,且转向相同。上述两点可简单总结为点面对应,转向一致,转角加倍。

7.3.2 主应力、主平面和极值切应力

利用应力圆还可以方便地确定主应力的数值、主平面的方位以及极值切应力。从图 7-5(c)可以看出,应力圆与 σ 轴有两个交点 A_1 和 B_1,其纵坐标都为零,因此这两点的横坐标值就是两个主应力 σ_1 和 σ_2($\sigma_3 = 0$),即

$$\sigma_1 = \sigma_{A_1} = \overline{OC} + R = \frac{\sigma_x + \sigma_y}{2} + \sqrt{\left(\frac{\sigma_x - \sigma_y}{2}\right)^2 + \tau_x^2}$$

$$\sigma_2 = \sigma_{B_1} = \overline{OC} - R = \frac{\sigma_x + \sigma_y}{2} - \sqrt{\left(\frac{\sigma_x - \sigma_y}{2}\right)^2 + \tau_x^2}$$

上面两式与式(7-5)相同。从 D_1 点顺时针转到 A_1 点所对应的圆心角为 $-2\alpha_0$,则在单元体上,x 轴顺时针转 $-\alpha_0$ 即为主应力 σ_1 所在主平面的外法线。在应力圆上,A_1 点和 B_1 点之间的圆心角为 $180°$,故两个主平面在单元体上的夹角为 $90°$,即主平面互相垂直。由应力圆可得

$$\tan(-2\alpha_0) = \frac{\overline{AD_1}}{\overline{CA}} = \frac{\tau_x}{\frac{\sigma_x - \sigma_y}{2}}$$

即

$$\tan2\alpha_0 = -\frac{2\tau_x}{\sigma_x - \sigma_y}$$

此式与式(7-4)相同。

从图 7-5(c)应力圆还可以看出,G_1、G_2 两点为极值切应力点,最大切应力和

最小切应力的值等于应力圆的半径,即

$$\tau_{\max}_{\tau_{\min}} = \pm R = \pm \sqrt{\left(\frac{\sigma_x - \sigma_y}{2}\right)^2 + \tau_x^2}$$

此式与式(7-7)相同。注意到图7-5(c)中G_1点、G_2点与A_1点、B_1点之间的圆心角都是$90°$,可知极值切应力的作用面总与主平面相差$45°$。

例7-2 试画出例7-1单元体所相应的应力圆,并求出主应力、主平面的方位和极值切应力(图中应力单位:MPa)。

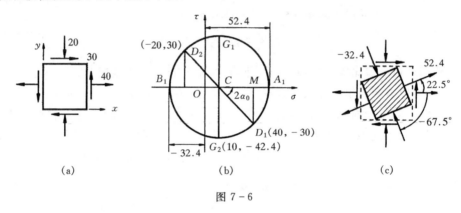

图7-6

解 建立σ-τ坐标系,选取适当应力比例尺,以$\sigma_x = 40$ MPa,$\tau_x = -30$ MPa定出D_1点,以$\sigma_y = -20$ MPa,$\tau_y = 30$ MPa定出D_2点,连接D_1、D_2两点交σ轴于C点,以C点为圆心,$\overline{CD_1}$为半径作应力圆如图7-6(b)所示。在应力圆上按所定比例尺量出主应力、主平面的方位和极值切应力分别为

$$\sigma_1 = \sigma_{A_1} = \overline{OA_1} = 52.4 \text{ MPa}$$

$$\sigma_3 = \sigma_{B_1} = \overline{OB_1} = -32.4 \text{ MPa}$$

$$2\alpha_0 = 45°, \quad \alpha_0' = 22.5°, \quad \alpha_0'' = \alpha_0' - 90° = -67.5°$$

$$\tau_{\max} = \overline{CG_1} = 42.4 \text{ MPa}$$

主应力及主平面如图7-6(c)所示。

7.4 三向应力状态的最大应力

三向应力状态的分析比较复杂,本节只介绍三向应力状态下的最大应力。

如图7-7(a)所示三个主应力均为已知的主单元体,为分析单元体上的最大应力,取α截面平行于σ_3,由于σ_3不影响α截面上的应力,所以α截面上的应力只取决于σ_1和σ_2,类似于平面应力状态分析,在σ-τ直角坐标系内,与α截面对应的

点必然位于由 σ_1 和 σ_2 所确定的应力圆上。同理,分别平行于 σ_1 和 σ_2 的截面,即图 7-7(b)、(c)所示的 β 和 γ 截面,其对应点必在 σ_2 与 σ_3 和 σ_3 与 σ_1 所确定的应力圆上,于是三个主应力就确定了三个两两相切的应力圆,称为**三向应力圆**,如图 7-7(d)所示。可以证明,与三个主应力都不平行的一般斜截面,所对应点在图 7-7(d)所示三向应力圆的阴影范围内。

从三向应力圆上可以看出,最大正应力和最小正应力分别为

$$\sigma_{\max} = \sigma_1, \quad \sigma_{\min} = \sigma_3 \tag{7-8}$$

极值切应力分别为

$$\tau_{12} = \frac{\sigma_1 - \sigma_2}{2}, \quad \tau_{23} = \frac{\sigma_2 - \sigma_3}{2}, \quad \tau_{13} = \frac{\sigma_1 - \sigma_3}{2} \tag{7-9}$$

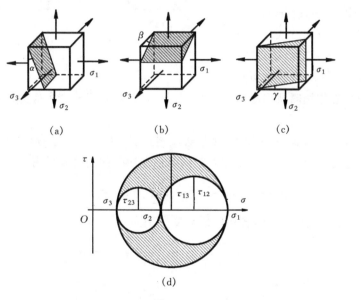

图 7-7

最大切应力为

$$\tau_{\max} = \tau_{13} = \frac{\sigma_1 - \sigma_3}{2} \tag{7-10}$$

$\tau_{\max}$ 所在平面与主应力 σ_2 平行,与 σ_1 及 σ_3 所在主平面各成 45°夹角。

三个极值切应力对材料的屈服有较大的影响,这种影响有时用**均方根切应力** τ_m 的形式表示,即

$$\tau_m = \sqrt{\frac{\tau_{12}^2 + \tau_{23}^2 + \tau_{13}^2}{3}} = \sqrt{\frac{1}{12}[(\sigma_1 - \sigma_2)^2 + (\sigma_2 - \sigma_3)^2 + (\sigma_1 - \sigma_3)^2]}$$

$$\tag{7-11}$$

7.5 广义胡克定律

前面讨论过单向应力状态下的应力应变关系,本节研究复杂应力状态下的应力应变关系。

如图 7-8(a)所示的主单元体,其上主应力 σ_1、σ_2 和 σ_3 均为已知。把平行于主应力 σ_1、σ_2、σ_3 的棱边分别称为棱边 1、棱边 2、棱边 3,与之对应的线应变分别用 ε_1、ε_2、ε_3 表示,这种沿主应力方向的线应变称为**主应变**。在小变形条件下,应用叠加原理,分别求出每一个主应力单独作用时所引起的主应变,叠加后,就可求出三个主应力同时作用下的主应变。

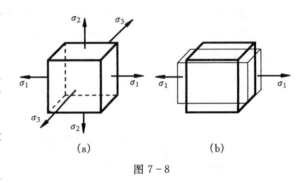

图 7-8

若单元体只有 σ_1 单独作用,则棱边 1 将伸长,棱边 2、3 将缩短(图 7-8(b)),它们的线应变可由拉压胡克定律及纵向与横向应变间的关系求得

$$\varepsilon_1' = \frac{\sigma_1}{E}, \quad \varepsilon_2' = -\mu\frac{\sigma_1}{E}, \quad \varepsilon_3' = -\mu\frac{\sigma_1}{E}$$

同理,在 σ_2、σ_3 单独作用下,各边的线应变分别为

$$\varepsilon_1'' = -\mu\frac{\sigma_2}{E}, \quad \varepsilon_2'' = \frac{\sigma_2}{E}, \quad \varepsilon_3'' = -\mu\frac{\sigma_2}{E}$$

$$\varepsilon_1''' = -\mu\frac{\sigma_3}{E}, \quad \varepsilon_2''' = -\mu\frac{\sigma_3}{E}, \quad \varepsilon_3''' = \frac{\sigma_3}{E}$$

分别将上面各边的线应变叠加,得到三个主应力同时作用时各棱边的线应变

$$\left.\begin{array}{l} \varepsilon_1 = \dfrac{1}{E}[\sigma_1 - \mu(\sigma_2 + \sigma_3)] \\[4pt] \varepsilon_2 = \dfrac{1}{E}[\sigma_2 - \mu(\sigma_3 + \sigma_1)] \\[4pt] \varepsilon_3 = \dfrac{1}{E}[\sigma_3 - \mu(\sigma_1 + \sigma_2)] \end{array}\right\} \qquad (7-12)$$

上式表示在三向应力状态下主应力和主应变之间的关系式,称为**广义胡克定律**。式中 σ_1、σ_2、σ_3 取代数值,在主应力 $\sigma_1 \geqslant \sigma_2 \geqslant \sigma_3$ 的规定下,可以证明三个主应变 $\varepsilon_1 \geqslant \varepsilon_2 \geqslant \varepsilon_3$。

对于各向同性材料,当变形很小且应力不超过比例极限时,切应力不影响单元体棱边的长度变化,因此,当单元体的各个面上既有正应力又有切应力作用时,σ_x、σ_y、σ_z方向的线应变ε_x、ε_y、ε_z可由式(7-12)得到

$$\left.\begin{aligned} \varepsilon_x &= \frac{1}{E}[\sigma_x - \mu(\sigma_y + \sigma_z)] \\ \varepsilon_y &= \frac{1}{E}[\sigma_y - \mu(\sigma_z + \sigma_x)] \\ \varepsilon_z &= \frac{1}{E}[\sigma_z - \mu(\sigma_x + \sigma_y)] \end{aligned}\right\} \quad (7-13)$$

在图7-9所示的一般平面应力状态下,广义胡克定律的表达式可写为:

$$\left.\begin{aligned} \varepsilon_x &= \frac{1}{E}(\sigma_x - \mu\sigma_y) \\ \varepsilon_y &= \frac{1}{E}(\sigma_y - \mu\sigma_x) \end{aligned}\right\} \quad (7-14)$$

此时,$\varepsilon_z = -\dfrac{\mu}{E}(\sigma_x + \sigma_y)$。

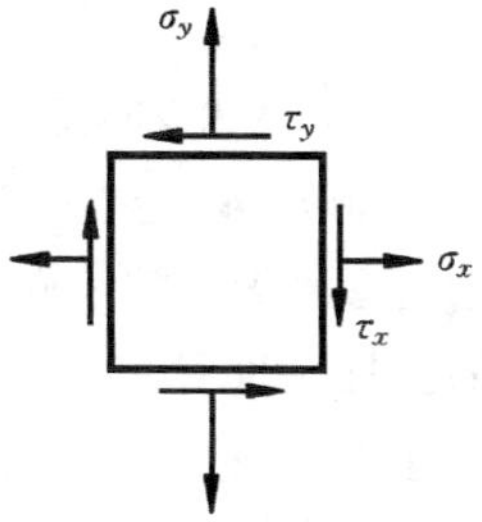

例7-3 图7-10(a)所示圆轴扭转时,在表面K点测得与轴线成$-45°$方向上的线应变$\varepsilon_{-45°} = 240 \times 10^{-6}$。已知圆轴直径$d = 60 \text{ mm}$,材料弹性模量$E = 210 \text{ GPa}$,$\mu = 0.3$,试求圆轴所受扭矩$T$。

图7-9

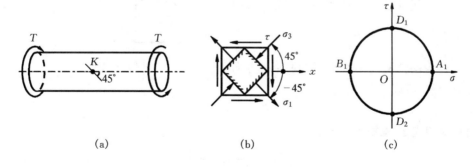

图7-10

解 在K点取单元体如图7-10(b)所示,单元体的各面上只有切应力τ,为纯剪切应力状态。以$\sigma_x = \sigma_y = 0$,$\tau_x = -\tau_y = \tau$作应力圆如图7-10(c)所示。从图中可以看出,纯剪切应力状态应力圆的圆心在坐标原点上,半径等于切应力τ。$-45°$和$45°$两个截面是主平面,分别对应主应力σ_1和σ_3,如图7-10(b)所示,$\sigma_1 =$

$\tau, \sigma_3 = -\tau(\sigma_2 = 0)$。

由广义胡克定律式(7-14)得

$$\varepsilon_{-45°} = \frac{1}{E}(\sigma_{-45°} - \mu\sigma_{45°}) = \frac{1}{E}(\sigma_1 - \mu\sigma_3) = \frac{1}{E}[\tau - \mu(-\tau)] = \frac{1+\mu}{E}\tau$$

又由于切应力 $\tau = \dfrac{T}{W_p}$,故由上式可得

$$\frac{E}{1+\mu}\varepsilon_{-45°} = \tau = \frac{T}{W_p}$$

所以

$$T = \frac{E}{1+\mu}\varepsilon_{-45°} \cdot W_p = \frac{210 \times 10^9 \text{Pa}}{1+0.3} \times 240 \times 10^{-6} \times \frac{\pi}{16} \times (60 \times 10^{-3}\text{m})^3$$
$$= 1.6 \text{ kN·m}$$

例 7-4 图 7-11 所示刚性模具中有一个宽度和深度都是 10 mm 的贯穿槽,槽内紧密无间隙地嵌入一铝质立方块,其尺寸为 10 mm×10 mm×10 mm。铝块的弹性模量 $E=70$ GPa,泊松比 $\mu=0.33$,铝块上面受到合力为 $F=6$ kN 的均布压力作用。假定刚性模具不变形,试求铝块的三个主应力和三个主应变(设立方块与刚性槽之间光滑无摩擦)。

解 铝块在 y 方向的应力为

$$\sigma_y = -\frac{F}{A} = -\frac{6 \times 10^3 \text{N}}{0.01 \text{ m} \times 0.01 \text{ m}}$$
$$= -60 \text{ MPa}$$

由于铝块在 z 方向无约束,故 z 方向的正应力为零,即

$$\sigma_z = 0$$

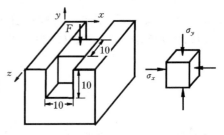

图 7-11

因为刚性模具不变形,铝块在 x 方向没有变形,所以

$$\varepsilon_x = 0$$

由广义胡克定律式(7-13)得

$$\varepsilon_x = \frac{1}{E}[\sigma_x - \mu(\sigma_y + \sigma_z)] = 0$$

求解上式可得 $\sigma_x = \mu\sigma_y = 0.33 \times (-60 \text{ MPa}) = -19.8 \text{ MPa}$

因此铝块的三个主应力为

$$\sigma_1 = \sigma_z = 0, \ \sigma_2 = \sigma_x = -19.8 \text{ MPa}, \ \sigma_3 = \sigma_y = -60 \text{ MPa}$$

由广义胡克定律式(7-12)得铝块的三个主应变为

$$\varepsilon_1 = \varepsilon_z = \frac{1}{E}[\sigma_1 - \mu(\sigma_2 + \sigma_3)] = \frac{-0.33 \times (-19.8 \text{ MPa} - 60 \text{ MPa})}{70 \times 10^3 \text{ MPa}}$$

$$= 0.376 \times 10^{-3}$$
$$\varepsilon_2 = \varepsilon_x = 0$$
$$\varepsilon_3 = \varepsilon_y = \frac{1}{E}[\sigma_3 - \mu(\sigma_1 + \sigma_2)] = \frac{-60 \text{ MPa} - 0.33 \times (0 - 19.8 \text{ MPa})}{70 \times 10^3 \text{ MPa}}$$
$$= -0.76 \times 10^{-3}$$

7.6 强度理论的概念

前已提及，当杆件受到轴向拉伸或压缩时，杆内各点的应力状态都处于单向应力状态，相应的强度条件为

$$\sigma = \frac{F_N}{A} \leqslant [\sigma]$$

式中许用应力

$$[\sigma] = \frac{\sigma^\circ}{n}$$

σ° 为材料破坏时的应力，通过材料单向拉压试验得到。塑性材料以屈服应力 σ_s（或 $\sigma_{0.2}$）为破坏应力，而脆性材料则以强度极限 σ_b 为破坏应力，简单应力状态的强度条件是依据试验结果建立的。

然而，工程中许多构件的危险点处于复杂应力状态，材料的破坏与三个主应力 σ_1、σ_2 和 σ_3 的大小以及它们之间的比值有关。由于三个主应力之间可以有无数多个组合，想要通过试验来确定每一种应力组合的破坏应力，实际上是不可行的。因此，需要寻找新的途径，利用简单应力状态的试验结果，建立复杂应力状态下的强度条件。这就有必要研究材料破坏的基本形式及原因。

实践表明，材料的破坏形式大致可以分为两类，一类是**脆性断裂**，另一类是**塑性屈服**。不同的破坏形式总是和一定的破坏原因有关。综合分析各种破坏现象，人们提出了许多关于材料破坏原因的假说，这些假说认为在不同应力状态下，材料的某种破坏形式主要是由于某种主要因素引起的，按照这类假说，可以利用简单应力状态的试验结果，建立复杂应力状态下的**强度条件**。这种关于材料破坏原因的假说称为强度理论。当然，这些假说必须经受科学实验和工程实际的检验。

本章主要介绍工程中常用的四种强度理论及其应用。

7.7 四种常用的强度理论

7.7.1 最大拉应力理论（第一强度理论）

这一理论认为：最大拉应力是引起材料脆性断裂的主要因素，即不论材料处在

什么应力状态下,只要最大拉应力 σ_1 达到轴向拉伸时的强度极限 σ_b,就会发生脆性断裂。材料发生断裂破坏的条件是

$$\sigma_1 = \sigma_b$$

将 σ_b 除以安全因数 n,就得到最大拉应力理论的强度条件

$$\sigma_1 \leqslant \frac{\sigma_b}{n} = [\sigma] \tag{7-15}$$

最大拉应力理论最早是在 17 世纪由伽里略(G. Galileo)提出。这一理论能较好地解释砖石、玻璃、铸铁等脆性材料的破坏现象,比较符合实验结果,至今仍在广泛使用。但它没有考虑另外两个主应力的影响,对不存在拉应力的情况则不能应用,对塑性材料的屈服失效也无法解释。

7.7.2 最大拉应变理论(第二强度理论)

这一理论认为:最大拉应变是引起材料脆性断裂的主要因素,即不论材料处在什么应力状态下,只要最大拉应变 ε_1 达到轴向拉伸时的极限拉应变 ε°,就会发生脆性断裂。轴向拉伸时,假设材料断裂时应力和应变关系仍服从胡克定律,则极限拉应变 $\varepsilon^\circ = \frac{\sigma_b}{E}$,材料发生断裂破坏的条件是

$$\varepsilon_1 = \varepsilon^\circ = \frac{\sigma_b}{E}$$

由式(7-12)得断裂破坏条件为

$$\sigma_1 - \mu(\sigma_2 + \sigma_3) = \sigma_b$$

将 σ_b 除以安全因数 n,就得到最大拉应变理论的强度条件

$$\sigma_1 - \mu(\sigma_2 + \sigma_3) \leqslant \frac{\sigma_b}{n} = [\sigma] \tag{7-16}$$

最大拉应变理论最早由马里奥特(E. Mariotte)在 17 世纪后期提出。这一理论能较好地解释石料或混凝土等脆性材料受轴向压缩时沿纵向截面开裂的现象,铸铁受拉、压二向应力且压应力较大时,实验结果也与这一理论接近。但按照这一理论,脆性材料在二向和三向受拉时比单向拉伸承载能力会更高,实验结果却不能证实。由于这个理论只与少数脆性材料在某些特殊受力形式下的实验结果相吻合,所以目前已较少采用。

7.7.3 最大切应力理论(第三强度理论)

这一理论认为:最大切应力是引起材料塑性屈服的主要因素,即不论材料处在什么应力状态下,只要最大切应力 τ_{max} 达到轴向拉伸时的极限切应力 τ°,就会发生塑性屈服破坏。轴向拉伸时,横截面上拉应力达到屈服应力 σ_s 时,相应的极限切

应力 $\tau° = \dfrac{\sigma_s}{2}$，材料发生塑性屈服破坏的条件是

$$\tau_{max} = \tau° = \dfrac{\sigma_s}{2}$$

复杂应力状态下最大切应力

$$\tau_{max} = \dfrac{\sigma_1 - \sigma_3}{2}$$

代入上式，可得塑性屈服破坏条件为

$$\sigma_1 - \sigma_3 = \sigma_s$$

将 σ_s 除以安全因数 n，就得到最大切应力理论的强度条件

$$\sigma_1 - \sigma_3 \leqslant \dfrac{\sigma_s}{n} = [\sigma] \qquad (7-17)$$

最大切应力理论最早由库伦(Columnb)提出，后经屈雷斯卡(Tresca)加以完善，比较圆满地解释了塑性材料的屈服现象，与许多塑性材料发生屈服的实验结果相当符合，也能说明某些脆性材料的剪切断裂，但它没有考虑中间主应力 σ_2 的影响，在二向应力状态下，与实验结果比较，理论计算偏于安全。

7.7.4　均方根切应力理论(第四强度理论)

这一理论认为：均方根切应力 $\tau_m = \sqrt{\dfrac{1}{3}(\tau_{12}^2 + \tau_{23}^2 + \tau_{31}^2)}$ 是引起材料塑性屈服的主要因素，即不论材料处在什么应力状态下，只要均方根切应力 τ_m 达到轴向拉伸时的极限均方根切应力 $\tau_m°$，材料将发生塑性屈服破坏。

均方根切应力用主应力表示为

$$\tau_m = \sqrt{\dfrac{1}{12}[(\sigma_1 - \sigma_2)^2 + (\sigma_2 - \sigma_3)^2 + (\sigma_1 - \sigma_3)^2]}$$

单向拉伸时，横截面上正应力达到屈服应力 σ_s 时发生屈服，则 $\sigma_1 = \sigma_s, \sigma_2 = \sigma_3 = 0$，其均方根切应力的极限值为

$$\tau_m° = \sqrt{\dfrac{1}{12}(\sigma_s^2 + \sigma_s^2)} = \sqrt{\dfrac{1}{6}}\sigma_s$$

复杂应力状态下材料发生塑性屈服破坏的条件是

$$\sqrt{\dfrac{1}{2}[(\sigma_1 - \sigma_2)^2 + (\sigma_2 - \sigma_3)^2 + (\sigma_1 - \sigma_3)^2]} = \sigma_s$$

将 σ_s 除以安全因数 n，就得到均方根切应力理论的强度条件

$$\sqrt{\dfrac{1}{2}[(\sigma_1 - \sigma_2)^2 + (\sigma_2 - \sigma_3)^2 + (\sigma_1 - \sigma_3)^2]} \leqslant \dfrac{\sigma_s}{n} = [\sigma] \qquad (7-18)$$

均方根切应力理论最早由胡贝尔(Huber)和米塞斯(Mises)以不同形式提出,后经亨奇(Hench)用形状改变比能进一步解释与论证,所以也称为**形状改变比能理论**。这一理论比第三强度理论更符合实验结果,且节约材料,所以得到广泛应用。

7.8 强度理论的应用

运用强度理论解决工程实际问题,应当注意其适用范围。脆性材料一般发生脆性断裂,应选择第一或第二强度理论,塑性材料的破坏形式大多数是塑性屈服,应选择第三或第四强度理论。还应指出,材料的破坏不仅取决于材料的性质,还与其所处的应力状态、温度、加载速度等因素有关。如塑性材料在低温或三向等拉应力状态下会发生脆性断裂,而脆性材料在三向均匀压缩时会出现塑性屈服,所以在实际应用时,应根据材料可能发生的破坏形式,结合断口分析,选择适当的强度理论进行计算。

工程实际中,常将强度条件中与许用应力$[\sigma]$进行比较的应力组合称为**相当应力**,用σ_r表示,四种常用强度理论的强度条件可写成如下形式

$$\sigma_{ri} \leqslant [\sigma] \quad (i=1,2,3,4) \tag{7-19}$$

四种常用强度理论的相当应力分别是

$$\left.\begin{aligned}
\sigma_{r1} &= \sigma_1 \\
\sigma_{r2} &= \sigma_1 - \mu(\sigma_2 + \sigma_3) \\
\sigma_{r3} &= \sigma_1 - \sigma_3 \\
\sigma_{r4} &= \sqrt{\frac{1}{2}[(\sigma_1-\sigma_2)^2 + (\sigma_2-\sigma_3)^2 + (\sigma_1-\sigma_3)^2]}
\end{aligned}\right\} \tag{7-20}$$

例 7-5 用第三和第四强度理论建立图 7-12 所示平面应力状态的强度条件。

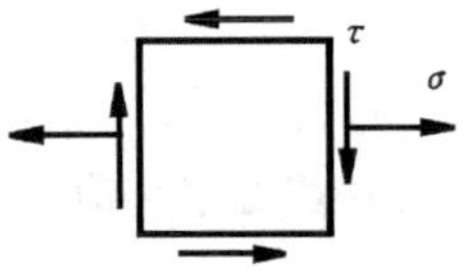

解 图 7-12 所示应力状态中,$\sigma_x = \sigma$, $\sigma_y = 0$, $\tau_x = -\tau_y = \tau$,代入式(7-5)得到三个主应力

$$\sigma_1 = \frac{\sigma}{2} + \sqrt{\left(\frac{\sigma}{2}\right)^2 + \tau^2}, \quad \sigma_2 = 0,$$

$$\sigma_3 = \frac{\sigma}{2} - \sqrt{\left(\frac{\sigma}{2}\right)^2 + \tau^2}$$

图 7-12

代入式(7-20)得到第三和第四强度理论的强度条件分别为

$$\sigma_{r3} = \sqrt{\sigma^2 + 4\tau^2} \leqslant [\sigma] \tag{7-21}$$

$$\sigma_{r4} = \sqrt{\sigma^2 + 3\tau^2} \leqslant [\sigma] \tag{7-22}$$

例 7-6 工字形截面简支梁受力如图 7-13(a)所示。已知 $F=120$ kN，截面的 $I_z = 1\,130 \times 10^{-8}$ m^4，一侧翼缘对 z 轴的静矩 $S_z = 66 \times 10^{-6}$ m^3，$l = 0.5$ m，$[\sigma] = 140$ MPa，试分别按第三、第四强度理论校核腹板和翼缘交接处 K 点的强度。

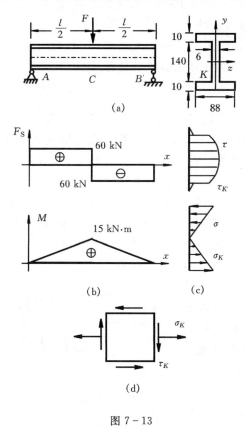

图 7-13

解 (1) 梁的内力

梁的剪力、弯矩图如图 7-13(b)所示。由内力图可知梁的中间截面 C 是危险截面。

$$M_C = \frac{1}{4}Fl = \frac{1}{4} \times 120 \text{ kN} \times 0.5 \text{ m} = 15 \text{ kN·m}$$

$$F_{SC} = \frac{1}{2}F = \frac{120 \text{ kN}}{2} = 60 \text{ kN}$$

(2) 横截面应力

C 截面的正应力和切应力分布如图 7-13(c)所示。由式(5-4)和(5-11)分别计算 K 点的正应力和切应力为

$$\sigma_K = \frac{M_C}{I_z} y_K = \frac{15 \times 10^3 \text{ N·m} \times 0.07 \text{ m}}{1\,130 \times 10^{-8} \text{ m}^4} = 92.9 \text{ MPa}$$

$$\tau_K = \frac{F_{SC} S_z}{I_z t} = \frac{60 \times 10^3 \text{ N} \times 66 \times 10^{-6} \text{ m}^3}{1\,130 \times 10^{-8} \text{ m}^4 \times 6 \times 10^{-3} \text{ m}} = 58.4 \text{ MPa}$$

(3) 相当应力与强度条件

围绕 K 点取单元体如图 7-13(d) 所示，对于这种应力状态可根据式 (7-21)、(7-22) 计算第三和第四强度理论的相当应力

$$\sigma_{r3} = \sqrt{\sigma_K^2 + 4\tau_K^2} = \sqrt{(92.9 \text{ MPa})^2 + 4 \times (58.4 \text{ MPa})^2} = 149 \text{ MPa} > [\sigma]$$

$$\sigma_{r4} = \sqrt{\sigma_K^2 + 3\tau_K^2} = \sqrt{(92.9 \text{ MPa})^2 + 3 \times (58.4 \text{ MPa})^2} = 137 \text{ MPa} < [\sigma]$$

讨论 由计算结果可以看出，用第三强度理论校核 K 点的强度是不安全的，但用第四强度理论校核则是安全，工程中一般认为相当应力不大于许用应力的 5% 时，仍然可以使用，所以此构件是安全的。

例 7-7 承受内压的圆筒形薄壁容器如图 7-14(a) 所示。容器内装有压力 $p = 3.5$ MPa 的气体，已知容器平均直径 $D = 1$ m，材料的许用应力 $[\sigma] = 140$ MPa，试分别按第三、第四强度理论计算其壁厚 t。

解 (1) 求横截面和纵截面的正应力　工程实际中，对于薄壁压力容器 ($t < D/20$)，可以近似认为应力沿壁厚是均匀分布的。在内压作用下，圆筒横截面上有正应力 σ_x，利用截面法，在任一横截面处将圆筒截开 (连同气体)，其受力如图 7-14(b) 所示。由 x 方向的静力平衡条件有

$$\sigma_x \cdot \pi D t = F = p \cdot \frac{\pi}{4} D^2$$

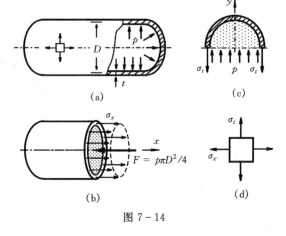

图 7-14

得**轴向应力**

$$\sigma_x = \frac{pD}{4t} \tag{7-23}$$

再次用截面法，沿过圆筒轴线的圆筒径向纵截面截开 (连同气体)，取轴向单位长度，受力如图 7-14(c) 所示，由 y 方向的平衡条件有

$$2\sigma_t t - pD = 0$$

得**周向应力**

$$\sigma_t = \frac{pD}{2t} \qquad (7-24)$$

比较式(7-23)、(7-24)可知,薄壁圆筒受内压时,周向应力是轴向应力的 2 倍。薄壁圆筒外壁为自由表面 $\sigma_r=0$,内壁径向应力 $\sigma_r=-p$,由于 σ_r 比 σ_x 和 σ_t 小得多,可以略去不计而视为二向应力状态。以横截面和纵截面从筒壁截出的单元体受力如图 7-14(d)所示。

(2) 计算壁厚 t。

主应力 $\sigma_1=\sigma_t=\dfrac{pD}{2t}$,$\sigma_2=\sigma_x=\dfrac{pD}{4t}$,$\sigma_3=\sigma_r\approx 0$

按第三强度理论 $\sigma_{r3}=\sigma_1-\sigma_3=\dfrac{pD}{2t}\leqslant[\sigma]$

$$t \geqslant \frac{pD}{2[\sigma]} = \frac{3.5\times 10^6 \mathrm{Pa}\times 1\,000\text{ mm}}{2\times 140\times 10^6 \mathrm{Pa}} = 12.5 \text{ mm}$$

按第四强度理论 $\sigma_{r4}=\sqrt{\dfrac{1}{2}[(\sigma_1-\sigma_2)^2+(\sigma_2-\sigma_3)^2+(\sigma_1-\sigma_3)^2]}=\dfrac{\sqrt{3}pD}{4t}\leqslant[\sigma]$

$$t \geqslant \frac{\sqrt{3}pD}{4[\sigma]} = \frac{\sqrt{3}\times 3.5\times 10^6 \mathrm{Pa}\times 1\,000\text{ mm}}{4\times 140\times 10^6 \mathrm{Pa}} = 10.8 \text{ mm}$$

复习思考题

7-1 何谓一点的应力状态?研究一点的应力状态有什么意义?

7-2 何谓主平面?何谓主应力?通过受力物体内一点有几个主平面?

7-3 何谓单向、二向与三向应力状态?何谓简单和复杂应力状态?

7-4 如何用解析法确定平面应力状态任意斜截面上的应力?应力及方位角的符号规则是什么?

7-5 如何画应力圆?如何用应力圆确定平面应力状态任意斜截面上的应力?

7-6 如何确定三向应力状态的最大正应力与最大切应力?

7-7 何谓强度理论?为什么要提出强度理论?简述四个常用的强度理论。

7-8 何谓广义胡克定律?有几种形式?

7-9 铸铁水管冬天结冰时会因冰膨胀而涨裂,而管内的冰不破碎,为什么?

习 题

7-1 用应力已知的截面在图示受力的圆杆指定点截取单元体,并标出应力的大小和方向。A 点为圆杆外表面和过轴线的水平纵截面的交点，B 点位于外表面的顶部。

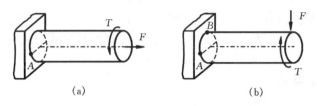

题 7-1 图

7-2 单元体的应力状态如图所示(应力单位：MPa)，试用解析法求：(1)图中虚线所示截面的正应力和切应力；(2)主应力和主平面，并表示在单元体上；(3)最大切应力。

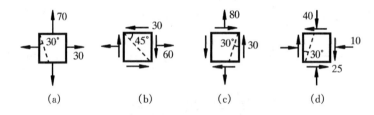

题 7-2 图

7-3 单元体的应力状态如图所示(应力单位：MPa)，试用应力圆求：(1)主应力和主平面，并表示在单元体上；(2)最大和最小切应力。

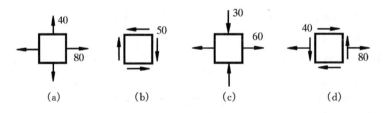

题 7-3 图

7-4 画出图示各单元体的三向应力圆，并写出三个主应力和最大切应力(应力单位：MPa)。

*7-5 已知单元体受力如图所示，试求主应力和最大切应力，并指出其截面位置。

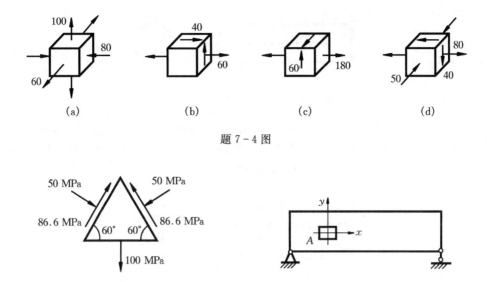

题 7-4 图

题 7-5 图

题 7-6 图

7-6 列车通过钢桥时,在钢桥横截面的 A 点,用应变仪测得线应变 $\varepsilon_x = 400\times10^{-6}, \varepsilon_y = -120\times10^{-6}$,材料的 $E=200$ GPa, $\mu=0.3$,试求 A 点 x 及 y 方向的正应力。

*7-7 如图所示一拉伸试件,试件横截面上的正应力 σ 和材料常数 E、μ 均为已知。试求与轴线成 45°方向、135°方向的线应变 $\varepsilon_{45°}$、$\varepsilon_{135°}$。

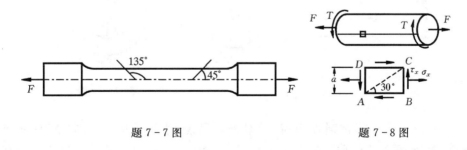

题 7-7 图

题 7-8 图

7-8 实心圆轴在拉力 F 和扭转力偶矩 M 共同作用下,表面的应力状态如图所示,$\sigma_x=30$ MPa, $\tau_x=-15$ MPa, $E=200$ GPa, $\mu=0.3$,求矩形 $ABCD$ 的对角线 AC 的伸长量。

7-9 图示钢制圆拉杆,直径 $d=20$ mm,现测得表面 C 点处与水平方向夹角为 30°方向的线应变 $\varepsilon=270\times10^{-6}$。已知材料的弹性模量 $E=200$ GPa,泊松比 $\mu=0.3$,试求载荷 F 和 C 点的最大线应变。

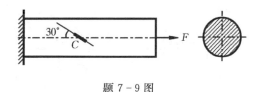

题 7-9 图

7-10 如图所示简支梁为 14 工字钢，在左侧腹板轴线上 A 点 $45°$ 方向测得线应变 $\varepsilon_{45°} = -520 \times 10^{-6}$，试求载荷 F。如果在右侧 B 点进行同样的测试，则 ε_B 应为多少？已知材料的 $E = 200$ GPa，$\mu = 0.3$。

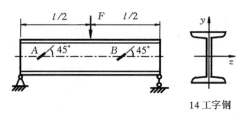

题 7-10 图

7-11 矩形截面悬臂梁受力如图所示，在中性层外表面 $45°$ 方向测得线应变 $\varepsilon_{45°}$，设梁的材料 E、μ 已知，试求载荷 F。

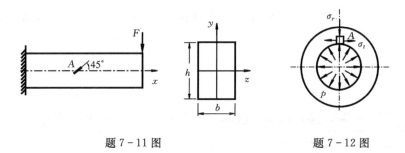

题 7-11 图   题 7-12 图

7-12 炮筒横截面如图所示，射击时 A 点的应力为 $\sigma_t = 550$ MPa，$\sigma_r = -350$ MPa，垂直于横截面的正应力 $\sigma_x = 420$ MPa，$[\sigma] = 1\,000$ MPa。试按第三和第四强度理论校核其强度。

7-13 弯曲和扭转组合变形时危险点的应力状态如图所示，$\sigma = 70$ MPa，$\tau = 50$ MPa，试按第三和第四强度理论计算相当应力。

7-14 车轮与钢轨接触点 A 的主应力为 $\sigma_x = -900$ MPa，$\sigma_y = -1\,100$ MPa，$\sigma_z = -800$ MPa，$[\sigma] = 300$ MPa，试用第三和第四强度理论对接触点进行强度校核。

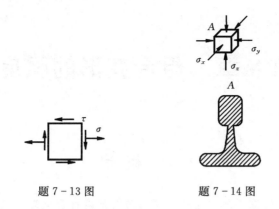

题 7-13 图　　　　题 7-14 图

7-15　钢制圆柱形薄壁容器平均直径 $D=800$ mm，壁厚 $t=4$ mm，$[\sigma]=120$ MPa。试按第四强度理论确定其许可内压 p。

第 8 章　组合变形的强度

8.1　概　述

前面各章分别讨论了杆件在基本变形时的强度计算问题。在工程实际中,很多构件在外力作用下,经常会同时发生两种或两种以上基本变形。如图 8-1(a)所示工厂厂房的立柱和图 8-1(b)所示简易起重架的横梁 AB,它们既有压缩变形又有弯曲变形;图 8-1(c)所示齿轮传动轴 AB,同时发生弯曲变形和扭转变形。构件在外力作用下同时发生两种或两种以上基本变形称为**组合变形**。

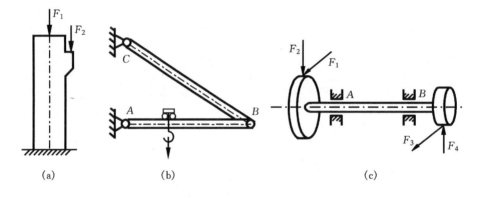

图 8-1

在小变形情况下,计算组合变形下的应力时,可以认为各个基本变形引起的应力和变形是各自独立、互不影响的,因此可应用叠加原理,分别计算各个基本变形的应力,叠加后得到组合变形下的应力,然后进行组合变形的强度计算。

杆件的组合变形有着多种形式,本章着重讨论工程实际中常见的拉伸(压缩)与弯曲组合变形以及弯曲与扭转组合变形。

8.2 拉伸(压缩)与弯曲组合变形

8.2.1 拉伸(压缩)与弯曲组合

图 8-2 所示的直杆受轴向力 F 和横向均布载荷 q 共同作用,杆发生压缩与弯曲的组合变形。在弯曲变形很小时,可略去轴向力对弯曲变形的影响,分别计算由轴向力 F 引起的压缩应力和横向均布载荷 q 引起的弯曲应力,叠加后进行强度分析。

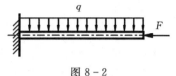

图 8-2

以图 8-3(a)所示悬臂梁为例,讨论拉伸(压

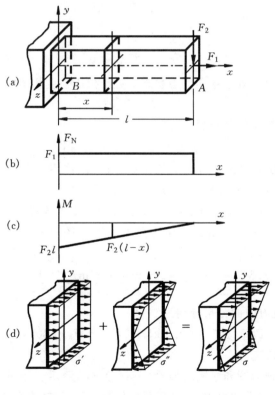

图 8-3

缩)与弯曲组合的应力分析和强度计算。矩形截面悬臂梁 AB,在自由端受到轴向力 F_1 和横向力 F_2 作用,轴向力 F_1 使梁发生轴向拉伸,横向力 F_2 使梁发生平面

弯曲,因此,梁 AB 发生拉伸与弯曲的组合变形(略去剪力对强度的影响)。在任意 x 截面,轴力 $F_N = F_1$,弯矩 $M(x) = F_2(l-x)$,梁的轴力图和弯矩图分别如图 8-3(b)、(c)所示,固定端截面 B 是危险截面。

在截面 B 上,与轴力对应的是均匀分布的正应力 $\sigma' = \dfrac{F_N}{A}$,与弯矩对应的是线性分布的正应力 $\sigma'' = \dfrac{M_B}{I_z} y$,根据叠加原理,截面上任一点应力为

$$\sigma = \sigma' + \sigma'' = \frac{F_N}{A} + \frac{M_B}{I_z} y$$

仍为线性分布,如图 8-3(d)所示。

危险截面上最大拉应力和最大压应力分别在截面的上、下边缘处(设弯曲正应力的最大值大于拉伸应力值)

$$\sigma_{\max}^+ = \frac{F_N}{A} + \frac{M_B}{W_z}$$

$$\sigma_{\max}^- = \left| \frac{F_N}{A} - \frac{M_B}{W_z} \right|$$

叠加后危险点仍处于单向应力状态。对于拉压强度相等的材料,强度条件为

$$\sigma_{\max} \leqslant [\sigma]$$

对于拉压强度不等的材料,强度条件为

$$\sigma_{\max}^+ \leqslant [\sigma]^+, \quad \sigma_{\max}^- \leqslant [\sigma]^-$$

式中 $[\sigma]^+$、$[\sigma]^-$ 分别为材料的拉伸许用应力和压缩许用应力。

例 8-1 简易吊车如图 8-4(a)所示,横梁 AB 由 16 工字钢制成,许用应力 $[\sigma] = 100$ MPa,已知最大吊重 $F = 8$ kN,试校核横梁的强度。

解 (1) 求支反力 横梁 AB 的受力简图如图 8-4(b)所示,由平衡方程 $\Sigma M_A = 0$ 可得

$$F_C = \frac{(2.5 + 1.5)F}{2.5 \sin 30°} = \frac{(2.5 \text{ m} + 1.5 \text{ m}) \times 8 \text{ kN}}{2.5 \text{ m} \cdot \sin 30°} = 25.6 \text{ kN}$$

F_C 在水平和垂直方向的分量分别为

$$F_{Cx} = F_C \cos 30° = 22.2 \text{ kN}, \quad F_{Cy} = F_C \sin 30° = 12.8 \text{ kN}$$

(2) 求内力和应力

横梁 AB 的轴力图和弯矩图如图 8-4(c)、(d)所示。在 AC 段既有轴力又有弯矩,发生压缩与弯曲组合变形,C 截面是危险截面,其轴力和弯矩分别为

$$F_N = -22.2 \text{ kN}$$

$$M_C = F \times 1.5 = 8 \text{ kN} \times 1.5 \text{ m} = 12 \text{ kN·m}$$

C 截面上的压应力和最大弯曲应力分别为

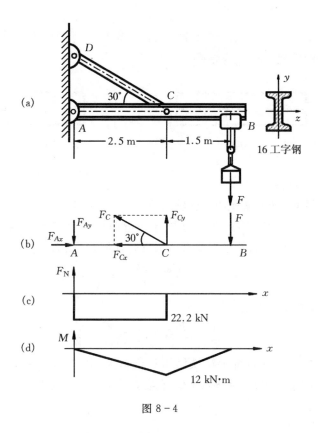

图 8-4

$$\sigma' = \frac{F_N}{A}, \quad \sigma'' = \frac{M_C}{W_z}$$

由附录 C 型钢表,查得 16 工字钢:

$$A = 26.1 \text{ cm}^2, \quad W_z = 141 \text{ cm}^3$$

截面下边缘各点为危险点,最大压应力(绝对值)为

$$\sigma_{\max}^- = \sigma' + \sigma'' = \frac{F_N}{A} + \frac{W_C}{W_z}$$

$$= \frac{22.2 \times 10^3 \text{N}}{26.1 \times 10^{-4} \text{m}^2} + \frac{12 \times 10^3 \text{N} \cdot \text{m}}{141 \times 10^{-6} \text{m}^3}$$

$$= 8.5 \times 10^6 \text{Pa} + 85.1 \times 10^6 \text{Pa} = 93.6 \text{ MPa} < [\sigma]$$

横梁强度足够。

8.2.2 偏心拉伸(压缩)

当杆件受到作用线平行于杆轴线,但不通过横截面形心的外力时,杆件就会发

生**偏心拉伸**或**偏心压缩**。

图 8-5(a)所示矩形截面杆,受到一对与杆轴线平行的拉力 F 作用,力 F 作用点到截面形心的距离 e 称为**偏心距**。

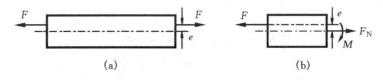

图 8-5

由截面法可知,杆的横截面上除轴力 F_N 外还有弯矩 M 存在,如图 8-5(b)所示,其中 $F_N = F, M = Fe$,因此杆件是拉伸和弯曲的组合变形,简称为**偏心拉伸**。**偏心压缩**则是压缩与弯曲的组合变形。根据叠加原理,截面上任一点的应力为

$$\sigma = \sigma' + \sigma'' = \frac{F_N}{A} + \frac{M}{I_z}y = \frac{F}{A} + \frac{Fe}{I_z}y$$

横截面上、下边缘处的正应力分别为

$$\sigma^{\text{上}} = \frac{F}{A} + \frac{Fe}{W_z}, \quad \sigma^{\text{下}} = \frac{F}{A} - \frac{Fe}{W_z}$$

例 8-2 图 8-6(a)所示铸铁制压力机框架,材料的许用拉应力为 $[\sigma]^+ = 30 \text{ MPa}$,许用压应力为 $[\sigma]^- = 80 \text{ MPa}$,框架立柱截面尺寸如图 8-6(b)所示。试校核立柱的强度。

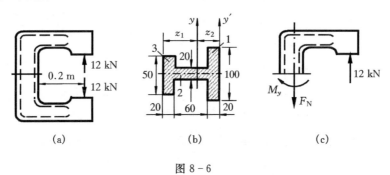

图 8-6

解 (1) 求截面形心和截面对形心轴 y 的惯性矩 将截面视为三个矩形组成,其长和宽分别为 $b_1 = 100$ mm, $h_1 = 20$ mm, $b_2 = 20$ mm, $h_2 = 60$ mm, $b_3 = 50$ mm, $h_2 = 20$ mm。截面面积

$$A = A_1 + A_2 + A_3 = b_1 h_1 + b_2 h_2 + b_3 h_3$$
$$= 100 \text{ mm} \times 20 \text{ mm} + 20 \text{ mm} \times 60 \text{ mm} + 50 \text{ mm} \times 20 \text{ mm} = 4\ 200 \text{ mm}^2$$

以截面右端线为参考轴 y',得

$$z_2 = \frac{A_1 z_{C1} + A_2 z_{C2} + A_3 z_{C3}}{A_1 + A_2 + A_3}$$

$$= \frac{100 \text{ mm} \times 20 \text{ mm} \times 10 \text{ mm} + 20 \text{ mm} \times 60 \text{ mm} \times 50 \text{ mm} + 50 \text{ mm} \times 20 \text{ mm} \times 90 \text{ mm}}{4\,200 \text{ mm}^2}$$

$$= 40.5 \text{ mm}$$

$$z_1 = h - z_2 = 100 \text{ mm} - 40.5 \text{ mm} = 59.5 \text{ mm}$$

截面对 y 轴惯性矩

$$I_y = I_{yC1} + a_1^2 A_1 + I_{yC2} + a_2^2 A_2 + I_{yC3} + a_3^2 A_3$$

$$= \frac{1}{12} b_1 h_1^3 + (z_2 - 10 \text{ mm})^2 A_1 + \frac{1}{12} b_2 h_2^3 + (z_1 - 50 \text{ mm})^2 A_2 +$$

$$\frac{1}{12} b_3 h_3^3 + (z_1 - 10 \text{ mm})^2 A_3$$

$$= \frac{100 \text{ mm} \times (20 \text{ mm})^3}{12} + (30.5 \text{ mm})^2 \times 100 \text{ mm} \times 20 \text{ mm} +$$

$$\frac{20 \text{ mm} \times (60 \text{ mm})^3}{12} + (9.5 \text{ mm})^2 \times 20 \text{ mm} \times 60 \text{ mm} +$$

$$\frac{50 \text{ mm} \times (20 \text{ mm})^3}{12} + (49.5 \text{ mm})^2 \times 50 \text{ mm} \times 20 \text{ mm}$$

$$= 488 \times 10^4 \text{ mm}^4$$

(2) 求截面内力 立柱横截面上受轴力 F_N 和弯矩 M_y 作用,如图 8-6(c)所示,发生拉伸和弯曲的组合变形,其中

$$F_N = 12 \text{ kN}, \quad M_y = 12 \text{ kN} \times (0.2 \text{ m} + 0.040\,5 \text{ m}) = 2.89 \text{ kN·m}$$

(3) 校核立柱强度

立柱横截面上的应力为拉伸正应力和弯曲正应力的代数和,最大拉应力在横截面的右边缘,即

$$\sigma_{\max}^+ = \frac{F_N}{A} + \frac{M_y z_2}{I_y} = \frac{12 \times 10^3 \text{ N}}{4\,200 \times 10^{-6} \text{ m}^2} + \frac{2.89 \times 10^3 \text{ N·m} \times 0.040\,5 \text{ m}}{488 \times 10^{-8} \text{ m}^4}$$

$$= 26.9 \text{ MPa} < [\sigma]^+$$

最大压应力在横截面的左边缘,即

$$\sigma_{\max}^- = \frac{F_N}{A} + \frac{M_y z_1}{I_y} = -\frac{12 \times 10^3 \text{ N}}{4\,200 \times 10^{-6} \text{ m}^2} + \frac{2.89 \times 10^3 \text{ N·m} \times 0.059\,5 \text{ m}}{488 \times 10^{-8} \text{ m}^4}$$

$$= 32.3 \text{ MPa} < [\sigma]^-$$

上式计算出的最大压应力为绝对值。

所以立柱强度足够。

8.3 弯曲与扭转组合变形

弯曲与扭转组合变形是工程实际中常见的情况,例如皮带轮轴、齿轮轴、曲柄轴等构件,都是在弯曲与扭转的组合变形下工作。以图 8-7(a)所示水平直角曲拐为例,分析弯曲与扭转组合变形时的强度计算问题。

曲拐 AB 部分为圆杆,将力 F 向 B 处截面形心简化,得横向力 F 和力偶 $M_B=Fa$,AB 杆的受力简图如图 8-7(b)所示。在横向力 F 和力偶 M_B 作用下,AB 杆发生弯曲与扭转组合变形。

AB 杆的扭矩图和弯矩图如图 8-7(c)、(d)所示。显然 A 截面是危险截面,其扭矩和弯矩分别为

$$T = Fa, \quad M = Fl$$

A 截面上正应力和切应力的分布如图 8-7(e)所示,危险点为上下两边缘的

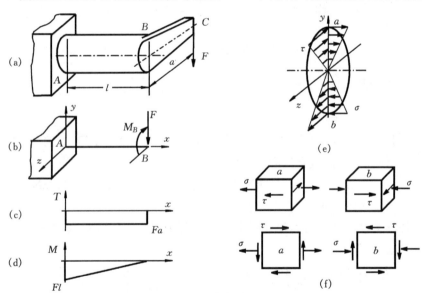

图 8-7

a、b 点,其弯曲正应力和扭转切应力的绝对值均为最大值

$$\sigma = \frac{M}{W}, \quad \tau = \frac{T}{W_p} \tag{a}$$

a、b 点的应力状态如图 8-7(f)所示。其三个主应力分别为

$$\sigma_1 = \frac{\sigma}{2} + \sqrt{\left(\frac{\sigma}{2}\right)^2 + \tau^2}, \quad \sigma_2 = 0, \quad \sigma_3 = \frac{\sigma}{2} - \sqrt{\left(\frac{\sigma}{2}\right)^2 + \tau^2} \tag{b}$$

由应力分析可知,危险点是二向应力状态,应按强度理论建立强度条件。对于塑性材料,通常选用第三或第四强度理论,强度条件分别为式(7-21)、(7-22),即

$$\left. \begin{array}{l} \sigma_{r3} = \sqrt{\sigma^2 + 4\tau^2} \leqslant [\sigma] \\ \sigma_{r4} = \sqrt{\sigma^2 + 3\tau^2} \leqslant [\sigma] \end{array} \right\} \tag{8-1}$$

将式(a)代入上式,注意到圆截面 $W_p = 2W$,于是可得圆杆弯扭组合变形时的强度条件为

$$\left. \begin{array}{l} \sigma_{r3} = \dfrac{1}{W}\sqrt{M^2 + T^2} \leqslant [\sigma] \\ \sigma_{r4} = \dfrac{1}{W}\sqrt{M^2 + 0.75T^2} \leqslant [\sigma] \end{array} \right\} \tag{8-2}$$

式中 W 为圆截面的弯曲截面系数,M、T 分别为危险截面上的弯矩和扭矩。对于非圆截面杆,式(8-2)不再适用。

工程实际中,杆件除了发生弯扭组合变形外,还会发生拉伸(压缩)与扭转的组合变形,或者拉伸(压缩)、弯曲与扭转的组合变形,这些情况可用式(8-1)进行强度计算。

例 8-3 图 8-8(a)所示皮带轮传动轴,转速 $n = 200$ r/min,左端 A 截面由电机输入功率 $P = 7$ kW,皮带轮 C 自重 $G = 1.8$ kN,皮带张力 $F_1 = 2F_2$,皮带轮直径 $D = 400$ mm,轴的许用应力 $[\sigma] = 100$ MPa,试按第三强度理论确定轴的直径 d。

解 (1) 计算外力,画出轴的计算简图

将载荷向轴线简化,力 G、F_1 和 F_2 简化为作用在轴线上的横向力 F 和力矩 M_C,AB 轴的计算简图如图 8-8(b)所示。

根据式(3-1),电机输入的力偶矩为

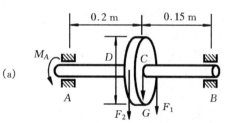

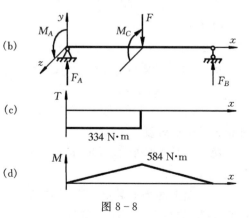

图 8-8

$$M_A = 9\,549\frac{P}{n} = 9\,549 \times \frac{7\text{ kW}}{200\text{ r/min}} = 334\text{ N·m}$$

由力矩平衡 $M_C = (F_1 - F_2)\dfrac{D}{2} = \dfrac{D}{2}F_2 = M_A$ 可得

$$F_2 = \frac{2M_C}{D} = \frac{2 \times 334\text{ N·m}}{0.4\text{ m}} = 1\,670\text{ N}$$

$$F_1 = 2F_2 = 3\,340\text{ N}$$

$$F = G + F_1 + F_2 = 6\,810\text{ N}$$

由静力平衡条件求得两端的轴承支反力

$$F_A = 2.92\text{ kN},\quad F_B = 3.89\text{ kN}$$

(2) 作内力图，确定危险截面

轴在 AC 段发生弯扭组合变形，杆 AB 的扭矩图和弯矩图如图 8-8(c)、(d)所示，C 截面是危险截面，扭矩和弯矩分别为

$$T_C = 334\text{ N·m},\quad M_C = 584\text{ N·m}$$

(3) 设计轴的直径

将 T_C、M_C 代入式(8-2)得

$$\sigma_{r3} = \frac{32}{\pi d^3}\sqrt{M_C^2 + T_C^2} =$$

$$\frac{32}{\pi d^3}\sqrt{(584\text{ N·m})^2 + (334\text{ N·m})^2} \leqslant [\sigma] = 100 \times 10^6\text{ Pa}$$

解得 $d \geqslant 41.1$ mm。可取 $d = 42$ mm。

例 8-4　钢制圆轴在齿轮 B、C 上受力如图 8-9(a)所示，轴的直径 $d = 50$ mm，$[\sigma] = 120$ MPa，试按第四强度理论校核轴的强度。

解　(1) 计算外力，画出轴的计算简图

将齿轮上的力向轮心简化得轴的计算简图，如图 8-9(b)所示，其中

$$F_1 = 5\text{ kN},\quad F_2 = 10\text{ kN}$$

$$M_1 = M_2 = 5\text{ kN} \times \frac{0.3\text{ m}}{2} = 750\text{ N·m}$$

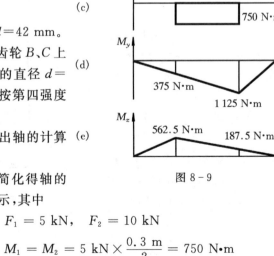

图 8-9

(2) 作内力图,确定危险截面

轴的扭矩图、弯矩图如图 8-9(c)、(d)、(e)所示。圆轴在两个垂直平面内都有弯曲,先求出合成总弯矩,再按平面弯曲计算应力。对于任一横截面,其总弯矩为

$$M = \sqrt{M_y^2 + M_z^2}$$

B、C 截面处的总弯矩分别为

$$M_B = \sqrt{M_{By}^2 + M_{Bz}^2}$$
$$= \sqrt{(375 \text{ N} \cdot \text{m})^2 + (562.5 \text{ N} \cdot \text{m})^2} = 676 \text{ N} \cdot \text{m}$$
$$M_C = \sqrt{M_{Cy}^2 + M_{Cz}^2}$$
$$= \sqrt{(1\,125 \text{ N} \cdot \text{m})^2 + (187.5 \text{ N} \cdot \text{m})^2} = 1\,141 \text{ N} \cdot \text{m}$$

故 C 截面是危险截面。

(3) 校核轴的强度

将 T_C、M_C 代入式(8-2)有

$$\sigma_{r4} = \frac{\sqrt{M_C^2 + 0.75 T_C^2}}{W} = \frac{32\sqrt{M_C^2 + 0.75 T_C^2}}{\pi d^3}$$

$$= \frac{32\sqrt{(1\,141 \text{ N} \cdot \text{m})^2 + 0.75 \times (750 \text{ N} \cdot \text{m})^2}}{\pi \times (50 \times 10^{-3} \text{ m})^3} = 107 \text{ MPa} < [\sigma]$$

轴的强度足够。

例 8-5 图 8-10(a)所示牙轮钻杆,外径 $D = 152$ mm,内径 $d = 120$ mm,钻进压力 $F = 180$ kN,转矩 $M = 17.3$ kN·m,许用应力 $[\sigma] = 100$ MPa,按第四强度理论校核钻杆的强度。

解 钻杆在轴向力 F 和转矩 M 共同作用下发生压缩与扭转组合变形。钻杆横截面上内力为

$$F_N = F = 180 \text{ kN}, \quad T = M = 17.3 \text{ kN·m}$$

钻杆的外壁各点是危险点,其应力状态如图 8-10(b)所示。

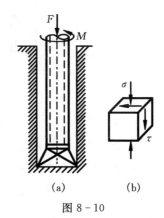

图 8-10

压缩应力

$$\sigma = \frac{F_N}{A} = \frac{F}{\frac{\pi(D^2 - d^2)}{4}} = \frac{4 \times 180 \times 10^3 \text{ N}}{3.14 \times [(152 \text{ mm})^2 - (120 \text{ mm})^2]}$$

$$= 26.33 \text{ MPa}$$

最大扭转切应力

$$\tau = \frac{T}{W_p} = \frac{T}{\frac{\pi D^3(1-\alpha^4)}{16}} = \frac{16 \times 17.3 \times 10^3 \, \text{N} \cdot \text{m}}{3.14 \times (152 \times 10^{-3} \, \text{m})^3 \times \left[1 - \left(\frac{120 \, \text{mm}}{150 \, \text{mm}}\right)^4\right]}$$

$$= 41 \, \text{MPa}$$

将 σ 和 τ 代入式(8-1)得相当应力

$$\sigma_{r4} = \sqrt{\sigma^2 + 3\tau^2} = \sqrt{(26.33 \, \text{MPa})^2 + 3 \times (41 \, \text{MPa})^2} = 75.7 \, \text{MPa} < [\sigma]$$

所以钻杆强度足够。

复习思考题

8-1 简述组合变形强度计算方法。在什么条件下,计算组合变形的应力可用叠加原理?

8-2 何谓偏心拉伸(或压缩)?如何计算截面上的最大应力?它与拉伸(压缩)和弯曲的组合变形有何区别?

8-3 压力机立柱为箱形截面,下列四种截面形状哪一种最合理?

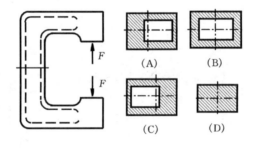

复习题 8-3 图

8-4 圆杆发生弯扭组合变形时,其强度计算的步骤是什么?如果圆杆在两个互相垂直的平面内发生弯曲,如何求解?

8-5 按第三强度理论得到的弯扭组合变形的三个强度条件表达式为

$$\sigma_{r3} = \sigma_1 - \sigma_3 \leqslant [\sigma], \quad \sigma_{r3} = \sqrt{\sigma^2 + 4\tau^2} \leqslant [\sigma], \quad \sigma_{r3} = \frac{\sqrt{M^2 + T^2}}{W} \leqslant [\sigma]$$

其适用范围有何区别?

习 题

8-1 试定性分析图示构件在指定截面 A、B 处将产生哪些基本变形?

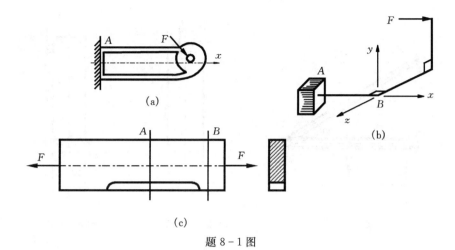

题 8-1 图

8-2 图示承受轴向拉力的矩形截面杆,若 $F=12$ kN,材料的许用应力 $[\sigma]=100$ MPa,试求杆的许可切口深度 x。

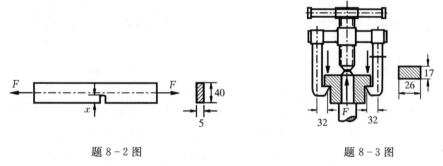

题 8-2 图   题 8-3 图

8-3 拆卸工具的勾爪受力如图,已知两侧爪臂截面为矩形,$[\sigma]=180$ MPa,试按爪臂强度条件确定拆卸时的最大顶力 F。

8-4 图示吊架,横梁为 18 工字钢,$l=2.6$ m。当载荷 $F=25$ kN 作用在梁的中点时,试求横梁的最大正应力(梁的自重不计)。

8-5 图示矩形截面杆偏心受拉,由实验测得两侧的纵向应变 ε_1 和 ε_2,试求偏心距 e。

8-6 图示厂房的立柱,若 $F_1=100$ kN,$F_2=45$ kN,$b=180$ mm,$h=300$ mm,试问 F_2 偏心距 e 为多少时截面上不会产生拉应力?

8-7 图示电动机工作时的最大转矩 $M=120$ N·m,主轴 $l=120$ mm,$d=40$ mm,$[\sigma]=60$ MPa,皮带轮直径 $D=250$ mm,皮带张力 $F_1=2F_2$。试用第三强度理论校核该主轴强度。

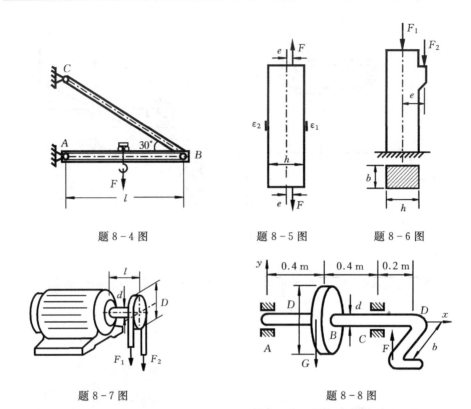

题 8-4 图   题 8-5 图   题 8-6 图

题 8-7 图   题 8-8 图

8-8 手摇绞车轴受力如图所示,B 轮直径 $D=0.36$ m,摇柄长度 $b=0.25$ m,轴的直径 $d=30$ mm,$[\sigma]=100$ MPa,试按第三强度理论确定许可吊重 G。

8-9 图示 AB 轴上安装有两个轮子,两轮上分别作用有 $F=3$ kN 及 W,轴处于平衡。轮的直径 $D_1=2$ m,$D_2=1$ m,若轴的许用应力 $[\sigma]=60$ MPa,试按第三

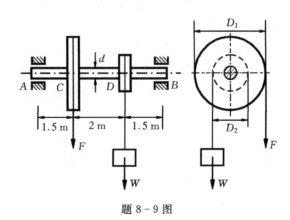

题 8-9 图

强度理论选择轴的直径 d。

8-10 图示皮带轮传动轴尺寸及受力已知,轴的许用应力$[\sigma]=80$ MPa,试按第四强度理论选择轴的直径。

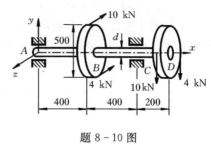

题 8-10 图

8-11 图示水轮机主轴输出功率 $P=37\,500$ kW,转速 $n=150$ r/min,叶轮和主轴共重 $W=300$ kN,轴向推力 $F=5\,000$ kN,主轴内外径分别为 $d=350$ mm,$D=750$ mm,$[\sigma]=100$ MPa,按第四强度理论校核主轴的强度。

题 8-11 图

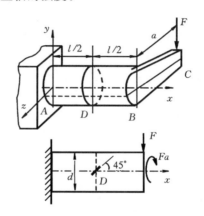

题 8-12 图

8-12 图示水平直角曲拐,已知 $a=160$ mm,$l=200$ mm,$d=40$ mm,$E=200$ GPa,$\mu=0.3$,$[\sigma]=60$ MPa,现在 D 点测得与轴线成 45°方向的线应变 $\varepsilon_{45°}=120\times10^{-6}$,(1)试求载荷 F;(2)按第四强度理论校核曲拐强度。

8-13 图示圆截面杆,$F_1=500$ N,$F_2=15$ kN,$M=1.2$ kN·m,$d=50$ mm,$[\sigma]=120$ MPa,$l=900$ mm,试按第三强度理论校核杆的强度。

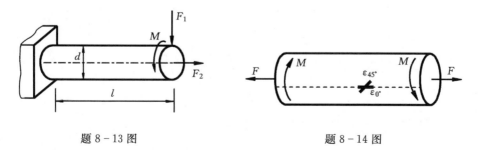

题 8-13 图　　　　　　　　　　题 8-14 图

*8-14 图示圆轴受轴向拉力 F 和外力偶矩 M 共同作用,测得轴表面一点沿轴向的线应变为 $\varepsilon_{0°}$,与轴线成 $45°$ 方向的线应变为 $\varepsilon_{45°}$,已知圆轴直径 d,材料弹性模量 E,泊松比 μ,试求拉力 F 和外力偶矩 M。

第9章 压杆的稳定

9.1 概述

图 9-1(a)所示一细长压杆，一端固定，一端自由，在压力 F 的作用下杆处于

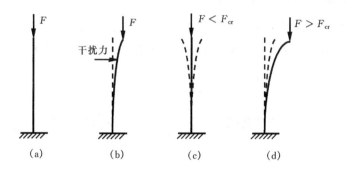

图 9-1

直线平衡状态。若给压杆一个微小的侧向干扰力，使其发生微小弯曲(图 9-1(b))，当干扰力消除后，如果压杆恢复到初始的直线状态，这表明压杆初始直线状态的平衡是稳定的；若压杆不能恢复到初始直线状态而发生弯曲，则压杆初始直线状态的平衡是不稳定的，压杆不能保持其初始的直线平衡状态称为**丧失稳定性**，简称为**失稳**。

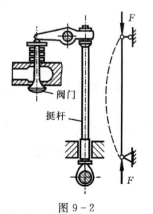

图 9-2

实验表明，压杆初始直线状态的平衡是否稳定和压力 F 的大小有关。当压力 F 较小时，压杆的平衡是稳定的，如图 9-1(c)所示。当压力较大时，压杆的平衡就不稳定，如图 9-1(d)所示。压杆由稳定平衡过渡到不稳定平衡时，轴向压力的临界值称为**临界力**或**临界载荷**，并用 F_{cr} 表示。当压力 F 等于临界力 F_{cr} 时，压杆处于稳定平衡向不稳定平衡过渡的临界状态，临界力 F_{cr} 是压杆承载能力的一个重要指标。

在工程实际中,受压杆件是很常见的,如图 9-2 所示内燃机配气机构中的挺杆、图 1-4 所示千斤顶中的支柱以及桥梁、输电线路铁塔、起重机等桁架结构中的受压杆件等。由于压杆的失稳是突发的,有时会引起整个机器或结构的破坏。历史上曾发生过一些桥梁突然溃折倒塌的严重事故,就是由于其中受压杆件失稳而造成的。因此对于受压杆件,除了必须具有足够的强度外,还必须有足够的**稳定性**。

9.2 细长压杆的临界力

9.2.1 两端铰支细长压杆的临界力

图 9-3(a)所示一两端为球铰支座、抗弯刚度为 EI、受轴向压力 F 作用的等直细长压杆 AB。设 $F=F_{cr}$,该压杆在微弯状态下保持平衡,压杆任一 x 截面的挠

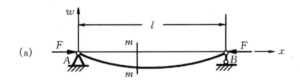

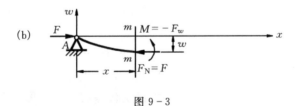

图 9-3

度为 w,如图 9-3(b)所示,则该截面上的弯矩为

$$M(x) = -Fw \tag{a}$$

在图示的坐标系中弯矩 M 与挠度 w 为异号,故式(a)右端加一负号。在小变形的情况下,此压杆的挠曲线近似微分方程为

$$\frac{d^2 w}{dx^2} = \frac{M(x)}{EI} = -\frac{Fw}{EI} \tag{b}$$

令

$$k^2 = \frac{F}{EI} \tag{c}$$

式(b)可以写成

$$\frac{d^2w}{dx^2} + k^2w = 0 \tag{d}$$

此微分方程的通解为

$$w = C_1 \sin kx + C_2 \cos kx \tag{e}$$

式中 C_1、C_2 为待定的积分常数，k 为待定值。压杆的边界条件为

$$x = 0, \quad w = 0 \tag{f}$$

$$x = l, \quad w = 0 \tag{g}$$

将式(f)代入式(e)，得 $C_2 = 0$。于是有

$$w = C_1 \sin kx \tag{h}$$

将式(g)代入式(h)，得 $C_1 \sin kl = 0$。若 $C_1 = 0$，则挠度 $w \equiv 0$，这与压杆处于微弯的平衡状态相矛盾，故只能是 $\sin kl = 0$，满足这一条件的 kl 值为

$$kl = n\pi \quad (n = 0, 1, 2, \cdots)$$

即

$$k = \frac{n\pi}{l} \quad (n = 0, 1, 2, \cdots) \tag{i}$$

将式(i)代入式(c)可得

$$F = \frac{n^2 \pi^2 EI}{l^2} \quad (n = 0, 1, 2, \cdots) \tag{j}$$

由上节分析可知，临界力是使压杆失稳的最小压力，若取 $n = 0$，则 $F = 0$，与讨论的情况不符，因此，应取 $n = 1$，于是得到两端铰支细长压杆的临界力计算公式为

$$F_{cr} = \frac{\pi^2 EI}{l^2} \tag{9-1}$$

上式是欧拉(E. Euler)在 1774 年首先提出的，也称为**欧拉公式**。

在两端为球铰支座的情况下，若杆在不同平面内的抗弯刚度 EI 不等，则压杆总是在抗弯刚度最小的平面内发生弯曲，因此，在应用式(9-1)计算压杆的临界力时，截面的惯性矩 I 应取其最小值 $I_{\min}$。

9.2.2 其他约束条件下细长压杆的临界力

由前节分析可知，压杆的临界力与其杆端的约束条件有关。对于其他约束条件下的细长压杆，可依照上述方法导出其临界力公式。对于杆长为 l，不同约束条件下细长压杆的临界力公式可统一写成

$$F_{cr} = \frac{\pi^2 EI}{(\mu l)^2} \tag{9-2}$$

式中 μ 称为**长度因数**，它反映了杆端约束条件对临界力的影响。μl 称为压杆的**相当长度**，即把不同约束条件的压杆折算成两端铰支压杆后的长度。表 9-1 列出了

几种常见的杆端约束情况下压杆的长度因数 μ 值。

表 9-1 几种常见杆端约束情况下压杆的长度因数 μ

约束情况	两端铰链	一端固定 一端自由	一端固定 一端铰链	两端固定
简图				
μ	1	2	0.7	0.5

例 9-1 图 9-4 所示一端固定，一端自由的细长压杆，用 22a 工字钢制成，压杆长度 $l = 4$ m，弹性模量 $E = 210$ GPa，试用欧拉公式求此压杆的临界力。

解 压杆一端固定，一端自由，长度因数 $\mu = 2$。由型钢表（附录 C）查得 22a 工字钢：$I_z = 3\,400$ cm^4，$I_y = 225$ cm^4，压杆的临界力为

$$F_{cr} = \frac{\pi^2 E I_{\min}}{(\mu l)^2} = \frac{\pi^2 E I_y}{(\mu l)^2}$$

$$= \frac{\pi^2 \times 210 \times 10^9 \text{Pa} \times 225 \times 10^{-8} \text{m}^4}{(2 \times 4 \text{ m})^2} = 72.9 \text{ kN}$$

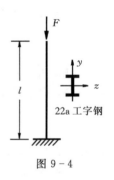

图 9-4

9.3 压杆的临界应力 临界应力总图

9.3.1 临界应力与柔度

用压杆的临界力 F_{cr} 除以杆的横截面面积 A，可得到与临界力相应的应力，由式(9-2)得

$$\sigma_{cr} = \frac{F_{cr}}{A} = \frac{\pi^2 EI}{(\mu l)^2 A} \tag{a}$$

σ_{cr} 称为压杆的**临界应力**。

将惯性半径 $i=\sqrt{\dfrac{I}{A}}$（见附录 A）代入式(a)得

$$\sigma_{cr} = \frac{\pi^2 E}{(\mu l/i)^2} \qquad (b)$$

令

$$\lambda = \frac{\mu l}{i} \qquad (9-3)$$

则式(b)可以写为

$$\sigma_{cr} = \frac{\pi^2 E}{\lambda^2} \qquad (9-4)$$

式(9-4)是以应力形式表达的欧拉公式。λ 称为压杆的**柔度**（或**长细比**），是一个无量纲的量，它综合反映了压杆的长度、杆端约束、截面形状和尺寸对临界应力的影响。临界应力与柔度的平方成反比，压杆总是在柔度较大的弯曲平面内失稳。

9.3.2 欧拉公式的适用范围

在推导临界力公式时，使用了梁弯曲时挠曲线的近似微分方程 $\dfrac{d^2w}{dx^2}=\dfrac{M(x)}{EI}$，而此式要求材料服从胡克定律，因此，只有当临界应力 σ_{cr} 不大于材料的比例极限 σ_p 时，欧拉公式才能成立，即

$$\sigma_{cr} = \frac{\pi^2 E}{\lambda^2} \leqslant \sigma_p \qquad (a)$$

则要求压杆的柔度

$$\lambda \geqslant \sqrt{\frac{\pi^2 E}{\sigma_p}} \qquad (b)$$

令

$$\lambda_p = \sqrt{\frac{\pi^2 E}{\sigma_p}} \qquad (9-5)$$

则式(b)可写为

$$\lambda \geqslant \lambda_p \qquad (c)$$

λ_p 是与比例极限 σ_p 相应的柔度，是能够应用欧拉公式的压杆柔度最小值，与压杆材料有关。对于 Q235 钢，$E=206$ GPa，$\sigma_p=200$ MPa，由式(9-5)可得 $\lambda_p \approx 100$。通常把 $\lambda \geqslant \lambda_p$ 的压杆称为**细长杆**（或**大柔度杆**）。

9.3.3 经验公式

工程实际中，经常会遇到柔度小于 λ_p 的压杆，这类压杆的临界应力超过了材料的比例极限，欧拉公式已不再适用。对于这类压杆临界应力的计算，通常采用建立在实验基础上的经验公式，工程中常用的直线公式为

$$\sigma_{cr} = a - b\lambda \tag{9-6}$$

式中 a、b 是和材料有关的常数,常用单位为 MPa。

当压杆的临界应力 σ_{cr} 大于材料的破坏应力 σ° 时,压杆就会因强度不足而发生破坏,只需计算压缩强度。这样,在应用直线公式计算时,临界应力 σ_{cr} 不能大于材料的破坏应力 σ°,柔度 λ 有一最小界限值。对于塑性材料,破坏应力 σ° 就是屈服应力 σ_s,所以

$$\sigma_{cr} = a - b\lambda \leqslant \sigma_s$$

即要求压杆的柔度

$$\lambda \geqslant \frac{a - \sigma_s}{b}$$

令

$$\lambda_s = \frac{a - \sigma_s}{b} \tag{9-7}$$

λ_s 为能够应用直线公式柔度的最小界限值,是与屈服应力相应的柔度,与材料有关。通常把 $\lambda_s < \lambda < \lambda_p$ 的压杆称为**中长杆**(或**中柔度杆**),$\lambda \leqslant \lambda_s$ 的压杆称为**粗短杆**(或**小柔度杆**)。对于粗短杆,应按强度问题处理。

表 9-2 列出了几种常见材料的 a、b、λ_p 和 λ_s 的数值。

表 9-2 常用材料的 a、b、λ_p、λ_s

材料	a/MPa	b/MPa	λ_p	λ_s
碳钢(Q235 钢,σ_b＝373 MPa,σ_s＝235 MPa)	304	1.118	105	61.4
低碳钢(σ_b＝471 MPa,σ_s＝306 MPa)	460	2.567	100	60
硅钢(σ_b＝510 MPa,σ_s＝353 MPa)	578	3.744	100	60
铬钼钢	981	5.296	55	
灰铸铁	332	1.454	80	
强铝	373	2.143	50	
松木	39.2	0.199	59	

9.3.4 临界应力总图

综上所述,压杆临界应力的计算公式可归纳如下:

(1) 当 $\lambda \geqslant \lambda_p$ 时,压杆为细长杆,用欧拉公式计算临界应力 $\sigma_{cr} = \dfrac{\pi^2 E}{\lambda^2}$。

(2) 当 $\lambda_s < \lambda < \lambda_p$ 时，压杆为中长杆，用直线公式计算临界应力 $\sigma_{cr} = a - b\lambda$。

(3) 当 $\lambda \leqslant \lambda_s$ 时，压杆为粗短杆，用强度公式计算临界应力 $\sigma_{cr} = \sigma_s$。

将以上压杆临界应力与柔度之间的关系在 $\sigma_{cr} - \lambda$ 坐标系中绘出，得到的曲线称为压杆的**临界应力总图**，它表示了临界应力随柔度 λ 的变化规律。图 9-5 为塑性材料压杆的临界应力总图。

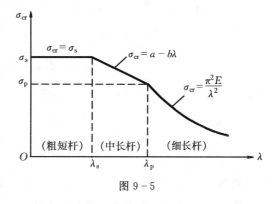

图 9-5

例 9-2 图 9-6(a)所示桁架结构，A、B、C 三处均为球铰，AB 及 AC 两杆皆为圆截面，直径 $d = 8$ cm，材料为 Q235 钢，$E = 210$ GPa。设由于杆件的失稳引起结构破坏，试求该结构的临界力 F_{cr}。

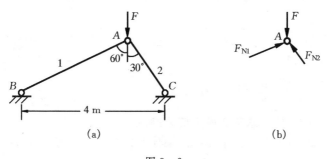

图 9-6

解 (1) 计算各杆轴力

如图 9-6(b)所示节点 A 的受力分析，由静力平衡方程可以求出：

$$F_{N1} = F\cos 60° = \frac{F}{2}, \quad F_{N2} = F\sin 60° = \frac{\sqrt{3}F}{2}$$

(2) 计算各杆柔度

两个压杆两端均为铰支，$\mu = 1$。对于圆截面杆，$i = \sqrt{\dfrac{I}{A}} = \sqrt{\dfrac{\pi d^4/64}{\pi d^2/4}} = \dfrac{d}{4} = 20$ mm，则

$$\lambda_1 = \frac{\mu l_1}{i} = \frac{1 \times 4 \text{ m} \times \cos 30°}{0.02 \text{ m}} = 173 > \lambda_p, AB \text{ 杆属细长杆}$$

$$\lambda_2 = \frac{\mu l_2}{i} = \frac{1 \times 4 \text{ m} \times \sin 30°}{0.02 \text{ m}} = 100, \lambda_s < \lambda_2 < \lambda_p, AC \text{ 杆属中长杆}$$

(3) 计算各杆临界轴力，确定结构的临界力 F_{cr}

$$F_{cr1} = \sigma_{cr1}A = \frac{\pi^2 E}{\lambda_1^2}A = \frac{\pi^2 \times 210 \times 10^9 \text{Pa} \times \pi \times (0.08 \text{ m})^2}{173^2 \times 4} = 348 \text{ kN}$$

$$F_1 = 2F_{cr1} = 696 \text{ kN}$$

$$F_{cr2} = \sigma_{cr2}A = (a - b\lambda_2)A = (304 \text{ MPa} - 1.118 \text{ MPa} \times 100) \times \frac{\pi \times (0.08 \text{ m})^2}{4}$$
$$= 966 \text{ kN}$$

$$F_2 = \frac{2}{\sqrt{3}}F_{cr2} = 1\ 115 \text{ kN}$$

结构的临界力取两者中较小者，即 $F_{cr} = F_1 = 696$ kN。

例 9-3 图 9-7 所示两端固定的压杆，材料为 Q235 钢，横截面面积 $A = 32 \times 10^2 \text{ mm}^2$，$E = 210$ GPa。试分别计算图示四种截面压杆的临界载荷。

解 由于压杆两端固定，其长度因数 $\mu = 0.5$。

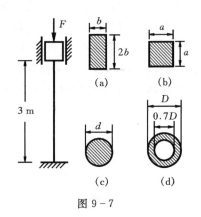

图 9-7

(1) 矩形截面

由 $A = 2b^2$ 可得

$$b = \sqrt{\frac{A}{2}} = \sqrt{\frac{32 \times 10^2 \text{ mm}^2}{2}} = 40 \text{ mm}$$

对于矩形截面，压杆总是在最小抗弯刚度平面内发生弯曲，应取截面最小惯性矩来计算临界力。截面最小惯性半径为

$$i_{min} = \sqrt{\frac{I_{min}}{A}} = \sqrt{\frac{2b \times b^3}{12 \times 2b^2}} = \frac{b}{2\sqrt{3}} = \frac{40 \text{ mm}}{2\sqrt{3}} = 11.55 \text{ mm}$$

最大柔度 $\quad \lambda_{max} = \frac{\mu l}{i_{min}} = \frac{0.5 \times 3 \times 10^3 \text{ mm}}{11.55 \text{ mm}} = 130 > \lambda_p$

压杆为细长杆，临界力用欧拉公式计算，即

$$F_{cr} = \sigma_{cr}A = \frac{\pi^2 E}{\lambda_{max}^2}A = \frac{\pi^2 \times 210 \times 10^9 \text{Pa}}{130^2} \times 32 \times 10^{-4} \text{m}^2 = 394 \text{ kN}$$

(2) 正方形截面

由 $A = a^2$ 可得 $a = \sqrt{A} = \sqrt{32 \times 10^2 \text{ mm}^2} = 40\sqrt{2}$ mm。截面惯性半径为

$$i = \sqrt{\frac{I}{A}} = \sqrt{\frac{a^4}{12a^2}} = \frac{a}{2\sqrt{3}} = \frac{40\sqrt{2} \text{ mm}}{2\sqrt{3}} = 16.33 \text{ mm}$$

柔度 $\quad \lambda = \frac{\mu l}{i} = \frac{0.5 \times 3 \times 10^3 \text{ mm}}{16.33 \text{ mm}} = 91.8$

由于 $\lambda_s < \lambda < \lambda_p$，压杆为中长杆，临界应力用直线公式计算，即

$$F_{cr} = \sigma_{cr}A = (a - b\lambda)A$$
$$= (304 \times 10^6 \text{Pa} - 1.118 \times 10^6 \text{Pa} \times 91.8) \times 32 \times 10^{-4} \text{m}^2$$
$$= 644 \text{ kN}$$

(3) 实心圆截面

由 $A = \dfrac{\pi d^2}{4}$ 可得，$d = \sqrt{\dfrac{4A}{\pi}} = \sqrt{\dfrac{4 \times 32 \times 10^2 \text{ mm}^2}{\pi}} = 63.8 \text{ mm}$。截面惯性半径为

$$i = \sqrt{\dfrac{I}{A}} = \sqrt{\dfrac{\pi d^4/64}{\pi d^2/4}} = \dfrac{d}{4} = \dfrac{63.8 \text{ mm}}{4} = 15.95 \text{ mm}$$

柔度
$$\lambda = \dfrac{\mu l}{i} = \dfrac{0.5 \times 3 \times 10^3 \text{ mm}}{15.95 \text{ mm}} = 94$$

由于 $\lambda_s < \lambda < \lambda_p$，压杆为中长杆，临界应力用直线公式计算，即

$$F_{cr} = \sigma_{cr}A = (a - b\lambda)A$$
$$= (304 \times 10^6 \text{Pa} - 1.118 \times 10^6 \text{Pa} \times 94) \times 32 \times 10^{-4} \text{m}^2$$
$$= 636 \text{ kN}$$

(4) 空心圆截面

由 $\alpha = \dfrac{0.7D}{D} = 0.7, A = \dfrac{\pi D^2 (1 - \alpha^2)}{4}$ 得

$$D = \sqrt{\dfrac{4A}{\pi(1 - \alpha^2)}} = \sqrt{\dfrac{4 \times 32 \times 10^2 \text{ mm}^2}{\pi(1 - 0.7^2)}} = 89.4 \text{ mm}$$

截面惯性半径为
$$i = \sqrt{\dfrac{I}{A}} = \sqrt{\dfrac{\pi D^4(1-\alpha^4)/64}{\pi D^2(1-\alpha^2)/4}} = \dfrac{89.4 \text{ mm} \times \sqrt{(1+0.7^2)}}{4}$$
$$= 27.3 \text{ mm}$$

柔度
$$\lambda = \dfrac{\mu l}{i} = \dfrac{0.5 \times 3 \times 10^3 \text{mm}}{27.3 \text{ mm}} = 55 < \lambda_s$$

压杆为粗短杆，临界力

$$F_{cr} = \sigma_{cr}A = \sigma_s A = 235 \times 10^6 \text{Pa} \times 32 \times 10^{-4} \text{m}^2 = 752 \text{ kN}$$

讨论 由上述计算结果可以看出，在杆端约束、长度、横截面面积及材料均相同的条件下，压杆的截面形状不同，其临界力就不同，正方形和圆形截面的临界力比矩形截面大，空心圆截面的临界力比实心圆截面大。因此，在杆端沿各方向的约束相同时，应选用圆形或正多边形的空心截面，使得压杆在各个方向具有相同的稳定性，以提高压杆的抗失稳能力。

9.4 压杆稳定性的校核

为了保证压杆有足够的稳定性，应使其工作压力 F 小于临界力 F_{cr}，或者使其

工作应力 σ 小于临界应力 σ_{cr}。考虑一定的安全因数后,压杆的稳定性条件为

$$n_{st} = \frac{F_{cr}}{F} \geqslant [n_{st}] \tag{9-8}$$

或

$$n_{st} = \frac{\sigma_{cr}}{\sigma} \geqslant [n_{st}] \tag{9-9}$$

式中 n_{st} 为压杆的**实际稳定安全因数**,$[n_{st}]$ 为**规定稳定安全因数**。考虑到载荷的偏心、压杆的初曲率、材料不均匀及支座缺陷等因素不可避免,而且失稳是一种突发性过程,故规定稳定安全因数一般比强度安全因数大。下面给出几种常用零件稳定安全因数的参考数值:

金属结构中的压杆	$[n_{st}]=1.8\sim 3.0$
机床的走刀丝杆	$[n_{st}]=2.5\sim 4$
磨床油缸活塞杆	$[n_{st}]=4\sim 6$
低速发动机挺杆	$[n_{st}]=4\sim 6$
高速发动机挺杆	$[n_{st}]=2.5\sim 5$
起重螺旋	$[n_{st}]=3.5\sim 5$
矿山和冶金设备中的压杆	$[n_{st}]=4\sim 8$

其他可根据压杆具体工作情况从有关专业手册中查得。

必须指出,压杆的稳定性是对压杆的整体而言的,截面的局部削弱(如油孔,螺钉孔等)对杆件的整体弯曲变形影响很小,因而计算临界力时可不必考虑,仍采用未经削弱的横截面面积 A 和惯性矩 I。但在截面局部削弱较大处,还须进行压缩强度校核,即

$$\sigma_{净} = \frac{F}{A_{净}} \leqslant [\sigma]$$

式中 $A_{净}$ 为削弱后的横截面实际面积,称为**净面积**。

例 9-4 图 9-8 所示一机床的工作台液压驱动装置。已知活塞直径 $D=65$ mm,油压 $p=1.2$ MPa。活塞杆长度 $l=1.25$ m,直径 $d=25$ mm,材料为 Q235 钢,$E=210$ GPa,规定的稳定安全因数 $[n_{st}]=6$,试校核活塞杆的稳定性。

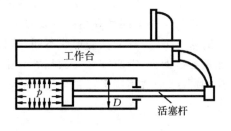

图 9-8

解 (1) 活塞杆承受的轴向压力为

$$F_N = p\frac{\pi D^2}{4}$$

$$= 1.2 \times 10^6 \text{Pa} \times \frac{\pi (65 \times 10^{-3} \text{m})^2}{4} = 3.98 \text{ kN}$$

(2) 计算活塞杆的临界力

将活塞杆的两端简化为铰支座,$\mu = 1$,圆截面的惯性半径 $i = \frac{d}{4} = 6.25$ mm。

柔度 $\quad \lambda = \frac{\mu l}{i} = \frac{1 \times 1\,250 \text{ mm}}{6.25 \text{ mm}} = 200 > \lambda_p$,活塞杆属细长杆。

活塞杆的临界力

$$F_{cr} = \sigma_{cr} A = \frac{\pi^2 E}{\lambda^2} A$$

$$= \frac{\pi^2 \times 210 \times 10^9 \text{Pa} \times \pi \times (0.025 \text{ m})^2}{200^2 \times 4} = 25.4 \text{ kN}$$

(3) 校核活塞杆的稳定性

活塞杆的实际稳定安全因数

$$n_{st} = \frac{F_{cr}}{F_N} = \frac{25.4 \text{ kN}}{3.98 \text{ kN}} = 6.38 > [n_{st}]$$

所以活塞杆稳定性足够。

例 9-5 图 9-9 所示一机器的连杆,截面为工字形,材料为碳钢,$E = 210$ GPa,$\sigma_s = 306$ MPa。连杆所受最大压力为 $F = 30$ kN,规定的稳定安全因数 $[n_{st}] = 5$,试校核连杆的稳定性。

解 由于连杆受压时,在 $x-y$ 平面和 $x-z$ 平面的抗弯刚度和约束情况均不同,因而连杆在两个平面内都有可能发生弯曲,在进行稳定性校核时应先计算两个平面内的柔度 λ,以确定弯曲平面。若连杆在 $x-y$ 平面内弯曲(横截面绕 z 轴转动),两端可以认为是铰支,$\mu_z = 1$;若连杆在 $x-z$ 平面内弯曲(横截面绕 y 轴转动),由于上下销子不能在 $x-z$ 平面内转动,故两端可以认为是固定端,$\mu_y = 0.5$。

(1) 柔度计算

$A = 24 \text{ mm} \times 12 \text{ mm} + 2 \times 6 \text{ mm} \times 22 \text{ mm} = 552 \text{ mm}^2$

$x-y$ 平面:

$$I_z = \frac{12 \text{ mm} \times (24 \text{ mm})^3}{12} + 2 \times \left[\frac{22 \text{ mm} \times (6 \text{ mm})^3}{12} + 22 \text{ mm} \times 6 \text{ mm} \times (15 \text{ mm})^2 \right]$$

$$= 7.42 \times 10^4 \text{ mm}^4$$

$$i_z = \sqrt{\frac{I_z}{A}} = \sqrt{\frac{7.42 \times 10^4 \text{ mm}^4}{552 \text{ mm}^2}} = 11.6 \text{ mm}$$

$$\lambda_z = \frac{\mu_z l}{i_z} = \frac{1 \times 750 \text{ mm}}{11.6 \text{ mm}} = 64.7$$

$x-z$ 平面:

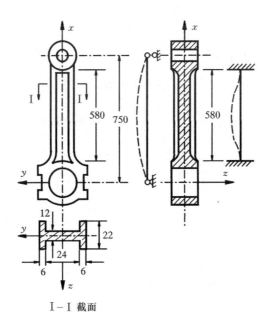

图 9-9

$$I_y = \frac{24 \text{ mm} \times (12 \text{ mm})^3}{12} + 2 \times \frac{6 \text{ mm} \times (22 \text{ mm})^3}{12} = 1.41 \times 10^4 \text{ mm}^4$$

$$i_y = \sqrt{\frac{I_y}{A}} = \sqrt{\frac{1.41 \times 10^4 \text{ mm}^4}{552 \text{ mm}^2}} = 5.05 \text{ mm}$$

$$\lambda_y = \frac{\mu_y l}{i_y} = \frac{0.5 \times 580 \text{ mm}}{5.05 \text{ mm}} = 57.4$$

因为 $\lambda_z > \lambda_y$,只需校核连杆在 x-y 平面内的稳定性。

(2) 稳定性校核

由于 $\lambda_s < \lambda < \lambda_p$,连杆属于中长杆,用直线公式计算临界应力。由表 9-2 查得,$a = 460$ MPa,$b = 2.567$ MPa。临界应力为

$$\sigma_{cr} = a - b\lambda_z = 460 \text{ MPa} - 2.567 \text{ MPa} \times 64.7 = 293.9 \text{ MPa}$$

连杆工作应力

$$\sigma = \frac{F}{A} = \frac{30 \times 10^3 \text{ N}}{5.52 \times 10^{-4} \text{ m}^2} = 54.4 \text{ MPa}$$

连杆的实际稳定安全因数

$$n_{st} = \frac{\sigma_{cr}}{\sigma} = \frac{293.9 \text{ MPa}}{54.4 \text{ MPa}} = 5.4 > 5$$

所以连杆稳定性足够。

例 9-6 图 9-10(a)所示结构由杆 AB 和梁 CB 组成，杆和梁材料均为 Q235 钢，$E=210$ GPa，$[\sigma]=160$ MPa。梁 CB 由 22a 工字钢制成。杆 AB 两端为球铰支座，直径 $d=80$ mm，规定稳定安全因数 $[n_{st}]=5$。试确定许可载荷 q 的值。

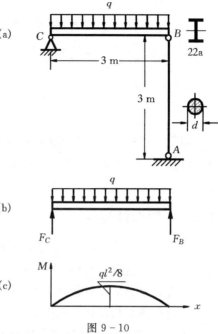

图 9-10

解 (1) 由梁的强度条件确定 q

图 9-10(b)为梁 CB 的受力简图，由静力平衡方程可以求出 $F_C = F_B = \dfrac{ql}{2}$。梁的弯矩图如图 9-10(c)所示，最大弯矩 $M_{max} = \dfrac{ql^2}{8}$，由型钢表（附录 C）查得 22a 工字钢，$W_z = 309$ cm³。由梁的弯曲强度条件

$$\sigma_{max} = \frac{M_{max}}{W_z} = \frac{ql^2}{8W_z} \leqslant [\sigma]$$

得

$$q \leqslant \frac{8W_z[\sigma]}{l^2} = \frac{8 \times 309 \times 10^{-6} \text{ m}^3 \times 160 \times 10^6 \text{ Pa}}{(3 \text{ m})^2} = 43.9 \text{ kN/m}$$

(2) 由杆 AB 的稳定性条件确定 q

压杆 AB 两端铰支，$\mu = 1$，惯性半径 $i = \dfrac{d}{4} = 20$ mm。

柔度

$$\lambda = \frac{\mu l}{i} = \frac{1 \times 3\,000 \text{ mm}}{20 \text{ mm}} = 150 > \lambda_p$$

故杆 AB 属于细长杆。临界应力

$$\sigma_{cr} = \frac{\pi^2 E}{\lambda^2} = \frac{\pi^2 \times 210 \times 10^9 \text{ Pa}}{150^2} = 92.1 \text{ MPa}$$

临界力

$$F_{cr} = \sigma_{cr} A = \sigma_{cr} \times \frac{\pi d^2}{4} = 92.1 \times 10^6 \text{ Pa} \times \frac{\pi \times (0.08 \text{ m})^2}{4} = 463 \text{ kN}$$

压杆所受压力 $F_{NAB} = F_B = \dfrac{ql}{2}$，由压杆稳定性条件

$$n_{st} = \frac{F_{cr}}{F_{NAB}} = \frac{2F_{cr}}{ql} \geqslant [n_{st}]$$

得
$$q \leqslant \frac{2F_{cr}}{[n_{st}]l} = \frac{2 \times 463 \times 10^3 \text{N}}{5 \times 3 \text{ m}} = 61.7 \text{ kN/m}$$
所以,许可载荷为$[q]=43.9$ kN/m。

9.5 提高压杆稳定性的措施

由以上分析可知,压杆的稳定性与材料的性质和压杆的柔度 λ 有关,柔度越小,临界应力越大,因此,提高压杆的稳定性,可从合理选择材料和减小柔度两个方面进行。

9.5.1 合理选择材料

由欧拉公式(9-4)可知,细长压杆的临界应力与材料的弹性模量 E 成正比,因此,选择高弹性模量的材料,可以提高细长压杆的稳定性。但是,由于细长压杆的临界应力与材料的强度指标无关,而各种钢材的弹性模量相差不大,因此,选用优质钢材对提高细长压杆稳定性作用不大,反而浪费材料。

由图 9-5 所示的临界应力总图可知,对于中长杆和粗短杆,临界应力和材料强度有关,因此,选用高强度钢材可以提高此类压杆的稳定性。

9.5.2 减小柔度

柔度 $\lambda = \frac{\mu l}{i} \left(i = \sqrt{\frac{I}{A}} \right)$,因此,减小柔度可采用下列的措施:

(1) 减小压杆的长度

压杆的柔度与压杆的长度成正比,因此,在结构允许的情况下,尽量减小压杆的长度,或增加中间支座,可提高压杆的稳定性。

(2) 改善杆端约束,减小长度因数 μ

加强压杆两端的约束,可减小压杆的长度因数,从而减小了柔度,提高压杆的临界力。

(3) 选择合理的截面形状

截面的惯性半径 $i = \sqrt{\frac{I}{A}}$ 越大,λ 越小。因此,当横截面面积一定时,应尽可能地提高截面的惯性矩 I。例如,在面积相同的截面形状中,图 9-11(b)所示截面就比图 9-11(a)所示截面的稳定性好。

由于柔度与压杆的长度、约束条件、截面形状和尺寸等因素有关,当压杆可能

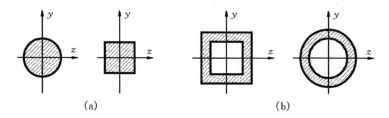

图 9-11

在不同的平面内弯曲时,应综合考虑这些因素,使得压杆在各个弯曲平面内的柔度尽可能相等,这样压杆在各个方向就尽可能具有相同的稳定性,从而充分发挥压杆抗失稳能力,这种结构称为**等稳定性结构**,例 9-5 的连杆采用工字形截面而不采用空心圆管,就是这个原因。对于工业上常用的型钢,可以通过组合使压杆在各弯曲平面内具有相同的稳定性,当压杆两端在各弯曲平面内具有相同的约束时,图 9-12(b)用两根槽钢组合的截面就比图 9-12(a)组合截面的稳定性好。因此,理想的压杆应设计成等稳定性。

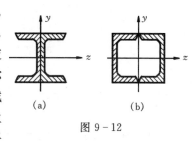

图 9-12

复习思考题

9-1 何谓失稳?试列举几个实际工程及生活中失稳的例子。

9-2 欧拉公式是如何建立的?应用该公式的条件是什么?

9-3 何谓长度因数、相当长度、柔度?

9-4 下列论述中,哪些是正确的,哪些是错误的。
  (A) 压杆失稳的主要原因是由于外界干扰力的影响;
  (B) 同种材料制成的压杆,其柔度越大越容易失稳;
  (C) 压杆的临界应力值与材料的弹性模量成正比;
  (D) 两根材料、长度、截面面积和约束条件都相同的压杆,其临界力也必定相同。

9-5 判定一根压杆属于细长杆、中长杆还是短粗杆时,需要考虑压杆的哪些因素?

9-6 在稳定性计算中,对于中长杆,若误用欧拉公式计算其临界力,压杆是否安全?对于细长杆,若误用经验公式计算其临界力,能否判断压杆的安全性?

9-7 由四根等边角钢组成一压杆,其组合截面的形状分别如图所示,试问哪种组合截面的承载能力好?

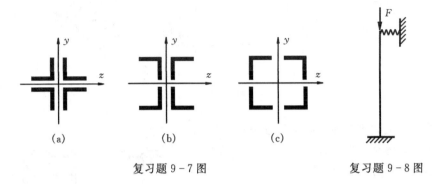

复习题 9-7 图   复习题 9-8 图

9-8 图示一端固定、一端为弹性支承的压杆,其长度系数的范围是( )。
(A) $\mu<0.7$; (B) $\mu>2$; (C) $0.7<\mu<2$; (D) 不能确定。

9-9 在高层建筑工地上,常用塔式起重机,其主架非常高,属细长压杆,工程上采取什么措施来防止起重机主架失稳?

习 题

9-1 两端铰支的圆截面细长压杆,直径 $d=75$ mm,杆长 $l=1.8$ m,弹性模量 $E=200$ GPa,试求此压杆的临界力。

9-2 四根钢质细长压杆,直径均为 $d=25$ mm,材料的弹性模量 $E=200$ GPa,各杆的两端约束情况和杆长 l 不同,试求各杆的临界力。
(1) 两端铰支,$l=600$ mm;
(2) 两端固定,$l=1\,500$ mm;
(3) 一端固定,一端自由,$l=400$ mm;
(4) 一端固定,一端铰支,$l=1\,000$ mm。

9-3 图示三根压杆长度均为 $l=30$ cm,截面尺寸如图(d)所示,材料为 Q235 钢,$E=210$ GPa,试求各杆的临界力。

9-4 图示压杆的横截面为矩形,杆长 $l=2$ m,材料为 Q235 钢,$E=210$ GPa,在正视图(a)的平面内弯曲时,两端可视为铰支,在俯视图(b)的平面内弯曲时,两端可视为固定,试求此杆的临界力 F_{cr}。

*9-5 图示外径 $D=100$ mm,内径 $d=80$ mm 的钢管在室温下进行安装,安装后钢管两端固定,此时钢管两端不受力。已知钢管材料的线膨胀系数 $\alpha=$

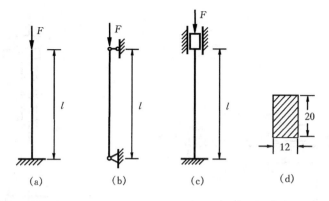

题 9-3 图

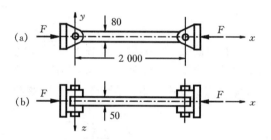

题 9-4 图

$12.5 \times 10^{-6} K^{-1}$，弹性模量 $E = 210$ GPa，$\sigma_s = 306$ MPa，$\sigma_p = 200$ MPa，$a = 460$ MPa，$b = 2.57$ MPa。试求温度升高多少度时钢管将失稳。

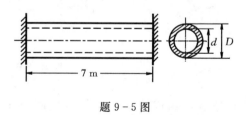

题 9-5 图

9-6 图示空气压缩机的活塞杆 AB 承受压力 $F = 100$ kN，长度 $l = 110$ cm，直径 $d = 7$ cm，材料为碳钢，$E = 200$ GPa。试求活塞杆的实际稳定安全因数（活塞杆两端可简化成铰支座）。

9-7 图示千斤顶丝杆的最大承载量 $F = 150$ kN，内径 $d_1 = 52$ mm，长度 $l = 500$ mm，材料为 Q235 钢。试计算此丝杆的实际稳定安全因数（提示：可认为丝杆的下端固定，上端自由）。

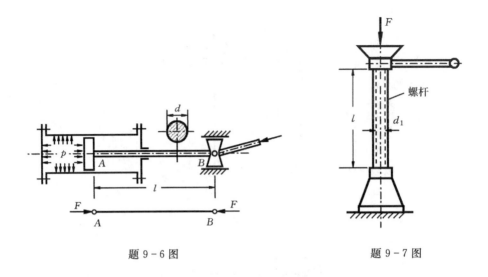

题 9-6 图　　　　　　　　题 9-7 图

9-8　图示钢管柱,上端铰支,下端固定,外径 $D=76$ mm,内径 $d=64$ mm,长度 $l=2.5$ m,材料为铬锰合金钢,比例极限 $\sigma_p=540$ MPa,弹性模量 $E=215$ GPa,承受压力 $F=150$ kN,规定稳定安全因数 $[n_{st}]=3.5$,试校核此钢管柱的稳定性。

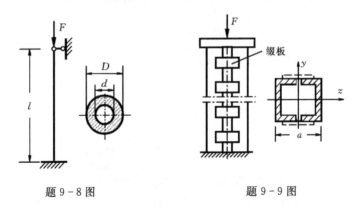

题 9-8 图　　　　　　　　题 9-9 图

9-9　图示由两根 18 槽钢组成的承压立柱,为使两个方向的柔度相等($\lambda_y=\lambda_z$),试问 $a=$?(不记缀板的局部加强。)

9-10　图示结构由 AB 梁和 CD 杆组成,材料均为 Q235 钢,弹性模量 $E=210$ GPa,$[\sigma]=160$ MPa。AB 梁为 16 工字钢,CD 杆为两端铰支的圆管,外径 $D=50$ mm,内径 $d=40$ mm,若 $F=12$ kN,规定稳定安全因数 $[n_{st}]=3$,试问结构是否安全?

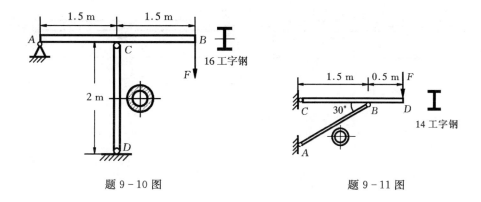

题 9-10 图   题 9-11 图

9-11 图示托架，$F=20$ kN，CD 杆为 14 工字钢，AB 为圆管，外径 $D=50$ mm，内径 $d=40$ mm，两杆材料均为 Q235 钢，许用应力 $[\sigma]=160$ MPa，弹性模量 $E=200$ GPa，AB 杆的规定稳定安全因数 $[n_{st}]=2$。试校核此托架是否安全。

9-12 图(a)所示正方形桁架，边长 $a=1$ m，各杆均为直径 $d=40$ mm 的圆截面杆，材料均为 Q235 钢，$E=200$ GPa。设由于杆件的失稳引起结构破坏，试求该结构的临界力。若将外力 F 改为拉力，如图(b)所示，试问临界力是否改变？若有改变，则临界力又为多少？

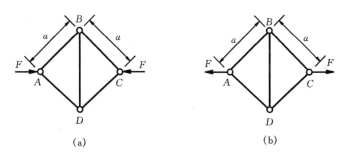

题 9-12 图

9-13 图(a)所示一端固定、一端铰支的圆截面杆 AB 受轴向压力 F 作用，直径 $d=80$ mm，杆长 $l=3.4$ m，已知材料为 Q235 钢，$E=200$ GPa，规定的稳定安全因数 $[n_{st}]=3$。试求：(1) AB 杆的许可载荷 $[F]$；(2) 为提高压杆的稳定性，今在 AB 杆中央 C 点处加一中间活动铰链支承，把 AB 杆分成 AC、CB 两段如图(b)所示，此时的许可载荷 $[F]$ 是多少。

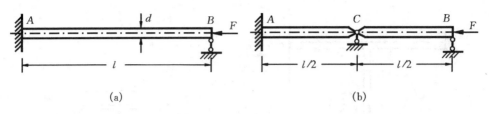

题 9-13 图

第 10 章 动载荷

10.1 概 述

前面各章讨论的都是静载荷问题。静载荷是指从零开始缓慢地增加到最终值后,不再随时间变化或变化不大的载荷,在加载过程中,构件内各点的加速度很小,可以忽略不计。工程实际中,有许多构件承受随时间变化的载荷,或者构件的速度发生明显的变化,在加载过程中构件内各点的加速度较大而不能忽略,这种载荷称为**动载荷**。如锻压汽锤的锤杆、高速转动的砂轮、加速提升重物时的吊索以及紧急制动的转轴等。在动载荷作用下,构件内所产生的应力和变形称为**动应力**和**动变形**。

实验表明,在动载荷作用下,如构件的动应力不超过比例极限,胡克定律仍然成立,对于钢一类的金属,材料的动力弹性模量和静载荷弹性模量数值相同。

本章将讨论运动构件的应力计算,冲击载荷和交变应力问题。

10.2 惯性力问题

构件作匀加速直线运动或匀角速转动时,构件内各点由于速度的大小或方向改变而产生加速度,从而产生惯性力。按照**达朗伯原理**,假想在构件各质点上施加相应的惯性力,并与外力组成一平衡力系,再按静力学的方法计算动载荷作用下构件的应力和变形,这种方法称为**动静法**。

10.2.1 构件作匀加速直线运动时的应力

图 10-1(a)所示一吊重系统,起吊重量为 G 的重物,以匀加速度 a 上升,若钢索的横截面面积为 A,单位体积重量为 γ,现计算钢索的动应力。

用截面法截取钢索 x 截面以下部分作为研究对象,截取部分除受到横截面上的动轴力 $F_{Nd}(x)$、钢索的重量 $\gamma A x$ 和重物的重量 G 作用外,还需附加钢索的惯性力 $\dfrac{\gamma A x}{g}a$ 和重物的惯性力 $\dfrac{G}{g}a$,如图 10-1(b)所示。由动静法可得

$$F_{\text{Nd}}(x) = G + \gamma Ax + \frac{G}{g}a + \frac{\gamma Ax}{g}a$$

$$= \left(1 + \frac{a}{g}\right)(G + \gamma Ax) \qquad (a)$$

钢索在静载荷作用下 x 截面上的静轴力为

$$F_{\text{Nj}}(x) = G + \gamma Ax \qquad (b)$$

令

$$K_d = 1 + \frac{a}{g} \qquad (10-1)$$

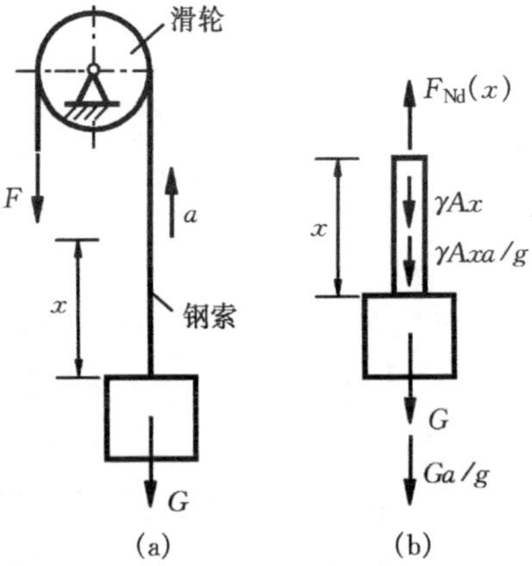

则式(a)可写成

$$F_{\text{Nd}}(x) = \left(1 + \frac{a}{g}\right)F_{\text{Nj}}(x) = K_d F_{\text{Nj}}(x) \qquad (10-2)$$

式中 K_d 称为**动荷因数**,是动内力与静内力的比值。

钢索 x 截面上的动应力为

$$\sigma_d(x) = \frac{F_{\text{Nd}}(x)}{A} = \frac{K_d F_{\text{Nj}}(x)}{A} = K_d \sigma_j(x) \qquad (10-3)$$

式中 $\sigma_j = \dfrac{F_{\text{Nj}}(x)}{A}$ 为钢索 x 截面上的静应力。于是钢索的强度条件为

$$\sigma_{d\,\max} = K_d \sigma_{j\,\max} \leqslant [\sigma] \qquad (10-4)$$

式中 $[\sigma]$ 为材料在静载荷下的许用应力。

钢索的动伸长 Δl_d 等于动荷因数乘以钢索在静载荷下的静伸长 Δl_j,即

$$\Delta l_d = K_d \Delta l_j$$

图 10-1

例 10-1 图 10-2(a)所示一长为 $l = 12$ m 的 22a 工字钢,由两根直径为 $d = 20$ mm 的钢索吊起,并以匀加速度 $a = 15$ m/s² 上升。试求钢索和工字钢的最大动应力(钢索重量不计)。

解 工字钢受力如图 10-2(b)所示。由型钢表(附录 C)查得 22a 工字钢的弯曲截面系数为 $W_z = 309$ cm³,单位长度自重 $q = 323.7$ N/m。

动荷因数

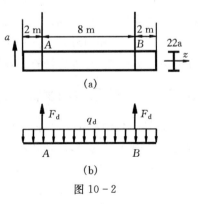

图 10-2

$$K_d = 1 + \frac{a}{g} = 1 + \frac{15 \text{ m/s}^2}{9.81 \text{ m/s}^2} = 2.53$$

钢索匀加速上升时,工字钢所受到的动载荷集度为

$$q_d = K_d q = 2.53 \times 323.7 \text{ N/m} = 819 \text{ N/m}$$

由平衡条件可得,钢索匀加速上升时所受拉力为

$$F_d = \frac{q_d l}{2} = \frac{819 \text{ N/m} \times 12 \text{ m}}{2} = 4.91 \text{ kN}$$

钢索的动应力为

$$\sigma_d = \frac{F_d}{A} = \frac{4 F_d}{\pi d^2} = \frac{4 \times 4.91 \times 10^3 \text{ N}}{\pi \times (20 \times 10^{-3} \text{ m})^2} = 15.6 \text{ MPa}$$

钢索匀加速上升时,工字钢的最大弯矩在其中间截面上,其值为

$$M_{d\max} = F_d \times 4 \text{ m} - \frac{1}{2} \times q_d \times (6 \text{ m})^2$$

$$= 4.91 \times 10^3 \text{ N} \times 4 \text{ m} - \frac{1}{2} \times 819 \text{ N/m} \times (6 \text{ m})^2$$

$$= 4.9 \text{ kN·m}$$

故工字钢的最大动应力为

$$\sigma_d = \frac{M_d}{W_z} = \frac{4.9 \times 10^3 \text{ N·m}}{309 \times 10^{-6} \text{ m}^3} = 15.9 \text{ MPa}$$

10.2.2 构件作匀角速转动时的应力

图 10-3(a) 所示一绕中心以匀角速度 ω 旋转的圆环,圆环的平均半径为 D,厚度为 $t(t \ll D)$,横截面面积为 A,材料单位体积重量为 γ。现分析圆环横截面上的应力。

由于 $t \ll D$,故可认为环内各点的向心加速度都等于圆环中心线上各点的向心加速度,即 $a_n = \frac{D\omega^2}{2}$。按照动静法,沿圆环中心线均匀分布的离心惯性力集度为

$$q_d = \frac{A\gamma}{g} \cdot a_n = \frac{A\gamma D}{2g} \omega^2$$

用截面法将圆环沿水平直径截开,上半部分受力如图 10-3(b)所示。由 $\sum F_y = 0$ 有

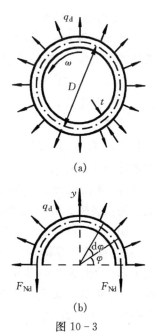

图 10-3

得

$$2F_{Nd} = \int_0^\pi q_d \frac{D}{2} \sin\varphi d\varphi$$

$$F_{Nd} = q_d \cdot \frac{D}{2} = \frac{A\gamma D^2}{4g}\omega^2$$

圆环横截面上的动应力为

$$\sigma_d = \frac{F_{Nd}}{A} = \frac{\gamma D^2}{4g}\omega^2 = \frac{\gamma}{g}v^2 \tag{10-5}$$

式中 $v = \frac{D\omega}{2}$ 为圆环中心线上各点的线速度。圆环强度条件为

$$\sigma_d = \frac{\gamma}{g}v^2 \leqslant [\sigma]$$

从式(10-5)可以看出，匀角速转动圆环横截面上的动应力 σ_d 仅与圆环中心线上各点的线速度 v 及材料单位体积的重量 γ 有关。因此，为了保证圆环的强度，对圆环的转速应有一定的限制，但增加横截面面积并不能提高圆环的强度。

10.3 构件受冲击时的应力和变形

当具有一定速度的运动构件(称为冲击物)冲击到静止构件(称为被冲击物)上时，冲击物的速度瞬间内发生很大的变化，从而获得很大的负值加速度，并给被冲构件施加了很大的惯性力，使得被冲构件中产生很大的应力和变形。工程中，经常遇到冲击现象，如汽锤锻造、打桩、金属冲压加工及传动轴的突然制动等。

由于冲击过程时间很短促，其加速度值难以精确确定，因此使用动静法计算冲击应力十分困难，工程上一般采用偏于安全的**能量法**。为简化计算，分析时假设冲击物比较刚硬，其变形忽略不计；不计被冲击物的质量；冲击过程中材料仍服从胡克定律；冲击过程无能量损失，冲击物的能量完全转换为被冲击物的变形能。

图10-4(b)所示一受自由落体冲击的弹簧，重量为 G 的冲击物从高度 h 处自由下落，冲击物与弹簧接触后，速度很快改变，当冲击物速度减为零的瞬时，弹簧受到最大冲击力 F_d，产生最大动变形 Δ_d 如图10-4(c)所示。根据能量守恒原理，

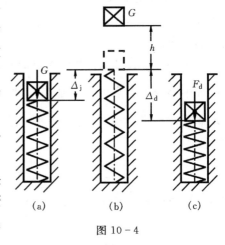

图 10-4

冲击物在冲击过程中所减少的动能 E_k 和势能 E_p 之和等于弹簧的变形能 V_ε，即
$$E_k + E_p = V_\varepsilon \tag{a}$$
冲击过程中冲击物势能减少
$$E_p = G(h + \Delta_d)$$
由于冲击物的初速和末速都等于零，故
$$E_k = 0$$

在材料服从胡克定律的情况下，冲击力与弹簧的变形成正比，如图 10-5 所示。弹簧的变形能等于 F_d 在 Δ_d 上所做的功，即
$$V_\varepsilon = \frac{1}{2} F_d \Delta_d$$

将 E_k、E_p、V_ε 代入式(a)得
$$G(h + \Delta_d) = \frac{1}{2} F_d \Delta_d \tag{b}$$

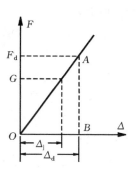

图 10-5

若冲击物重量 G 以静载荷的方式作用在弹簧顶端时，弹簧所产生的静变形为 Δ_j，如图 10-4(a)所示，在线弹性范围内 G 与 Δ_j 成正比。令
$$\frac{F_d}{G} = \frac{\Delta_d}{\Delta_j} = K_d \tag{c}$$

式中 K_d 为**自由落体冲击时的动荷因数**，是动载荷与静载荷、动变形与静变形、动应力与静应力的比值，即
$$F_d = K_d G, \quad \Delta_d = K_d \Delta_j, \quad \sigma_d = K_d \sigma_j \tag{10-6}$$

将式(c)代入式(b)，整理后得
$$K_d^2 - 2K_d - \frac{2h}{\Delta_j} = 0$$

解此方程并舍去负值，得动荷因数
$$K_d = 1 + \sqrt{1 + \frac{2h}{\Delta_j}} \tag{10-7}$$

式(10-7)中 Δ_j 为冲击物重量 G 以静载荷方式施加到被冲击物上时，冲击点沿冲击方向的线位移。式中 h 是初速度为零的冲击物自由下落的高度。若 $h=0$，则 $K_d=2$，相当于将冲击物重量 G 突然加到被冲击物上，此时被冲击物的应力、变形和所受的冲击力是静载荷下的两倍，称为**突加载荷**。

当 $\frac{h}{\Delta_j} \gg 1$ 时，可近似取 $K_d = 1 + \sqrt{\frac{2h}{\Delta_j}}$；当 $\sqrt{\frac{h}{\Delta_j}} \gg 1$ 时，可近似取 $K_d = \sqrt{\frac{2h}{\Delta_j}}$。

动荷因数 K_d 虽由冲击点的静位移求得，但适用于整个冲击系统，构件上所有

点的动变形和动应力都可用式(10-6)进行计算。

试验表明,材料在冲击载荷下的强度要比静载荷下略高一些,通常对受冲击载荷作用的光滑构件进行强度计算时,仍用静载荷时的许用应力,即

$$\sigma_{d\,max} = K_d \sigma_{j\,max} \leqslant [\sigma] \tag{10-8}$$

例 10-2 图 10-6(a)所示一等截面悬臂梁 AB,抗弯刚度为 EI,弯曲截面系数为 W,重为 G 的冲击物自高度 h 处自由下落在梁的自由端 A 点,试求梁的最大冲击应力 $\sigma_{d\,max}$。

解 如图 10-6(b)所示,当重物 G 以静载荷方式作用于 A 点时,由附录 B 可查得 A 点的静挠度为

$$\Delta_{jA} = \frac{Gl^3}{3EI}$$

动荷因数

$$K_d = 1 + \sqrt{1 + \frac{2h}{\Delta_{jA}}} = 1 + \sqrt{1 + \frac{2h}{Gl^3/3EI}}$$

$$= 1 + \sqrt{1 + \frac{6EIh}{Gl^3}}$$

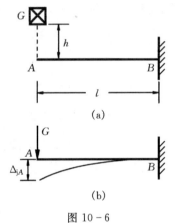

图 10-6

在静载荷作用下,梁的最大弯矩发生在 B 截面,其值为

$$M_{max} = Gl$$

梁内的最大静应力为

$$\sigma_{j\,max} = \frac{M_{max}}{W} = \frac{Gl}{W}$$

所以该梁的最大冲击应力为

$$\sigma_{d\,max} = K_d \sigma_{j\,max} = \left(1 + \sqrt{1 + \frac{6EIh}{Gl^3}}\right)\frac{Gl}{W}$$

当 h 很大时,则

$$\sigma_{d\,max} \approx \frac{1}{W}\sqrt{\frac{6EIGh}{l}}$$

讨论 由上述结果可以看出,受冲构件的应力不但与载荷及构件的尺寸有关,而且和构件的刚度有关,这一点和静应力不同。

例 10-3 图 10-7(a)、(b)所示两杆材料相同,弹性模量 $E=200$ GPa。两杆分别受到重量为 $G=10$ N 的重物自 $h=10$ cm 处的自由落体冲击。若 $a=20$ cm,$A=1$ cm²,试求两杆的最大冲击应力。

解 (1) 图 10-7(a)所示的 a 杆在静载荷 G 作用下的静变形为

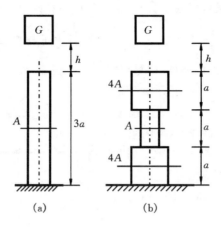

图 10-7

$$\Delta_j^a = \frac{G \cdot 3a}{EA} = \frac{10 \text{ N} \times 3 \times 0.2 \text{ m}}{200 \times 10^9 \text{ Pa} \times 1 \times 10^{-4} \text{ m}^2} = 0.3 \times 10^{-6} \text{ m}$$

最大静应力为

$$\sigma_{j\,\max}^a = \frac{G}{A} = \frac{10 \text{ N}}{1 \times 10^{-4} \text{ m}^2} = 0.1 \text{ MPa}$$

冲击动荷因数

$$K_d^a = 1 + \sqrt{1 + \frac{2h}{\Delta_j}} = 1 + \sqrt{1 + \frac{2 \times 0.1 \text{ m}}{0.3 \times 10^{-6} \text{ m}}} = 817$$

a 杆的最大冲击应力为

$$\sigma_{d\,\max}^a = K_d^a \sigma_{j\,\max}^a = 817 \times 0.1 \times 10^6 \text{ Pa} = 81.7 \text{ MPa}$$

(2) 图 10-7(b)所示的 b 杆在静载荷 G 作用下的静变形为

$$\Delta_j^b = \frac{G \cdot a}{EA} + \frac{G \cdot 2a}{E \cdot 4A}$$

$$= \frac{10 \text{ N} \times 0.2 \text{ m}}{200 \times 10^9 \text{ Pa} \times 1 \times 10^{-4} \text{ m}^2} + \frac{10 \text{ N} \times 2 \times 0.2 \text{ m}}{200 \times 10^9 \text{ Pa} \times 4 \times 1 \times 10^{-4} \text{ m}^2}$$

$$= 0.15 \times 10^{-6} \text{ m}$$

b 杆最大静应力与 a 杆的相同,即

$$\sigma_{j\,\max}^b = \sigma_{j\,\max}^a = 0.1 \text{ MPa}$$

冲击动荷因数

$$K_d^b = 1 + \sqrt{1 + \frac{2h}{\Delta_j}} = 1 + \sqrt{1 + \frac{2 \times 0.1 \text{ m}}{0.15 \times 10^{-6} \text{ m}}} = 1\,156$$

b 杆的最大冲击应力为

$$\sigma_{d\,\max}^b = K_d^b \sigma_{j\,\max}^b = 1\,156 \times 0.1 \times 10^6 \text{ Pa} = 115.6 \text{ MPa}$$

讨论 由上述结果可以看出,两杆最大静应力相同,但 b 杆的 Δ_j 小,其动荷因数 K_d 大,冲击应力大,$\dfrac{\sigma_{d\max}^b}{\sigma_{d\max}^a} = \dfrac{115.6}{81.7} = 1.415$,多用了材料反而增大了冲击应力。因此,对于承受拉压冲击的杆件,应尽可能作成等截面,以降低动荷因数和动应力。

例 10 – 4 图 10 – 8 所示梁由两根 22a 槽钢组成,跨度 $l = 3$ m,弹性模量 $E = 200$ GPa。若重为 $G = 20$ kN 的重物从高 $h = 10$ mm 处自由落下,试求下列两种情况下梁的最大冲击应力:

(1) 梁为刚性支承,如图 10 – 8(a)所示;

(2) 梁为弹性支承,如图 10 – 8(b)所示,弹簧常数 $k = 300$ kN/m。

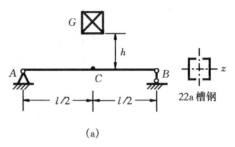

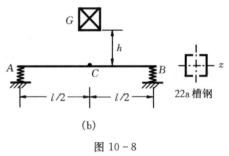

图 10 – 8

解 (1) 计算图 10 – 8(a)所示梁的最大冲击应力

查附录 C 得 22a 槽钢的几何性质为
$I_z = 2\,393.9$ cm^4,$W_z = 217.6$ cm^3

查附录 B 可得梁 C 截面处的静挠度为

$$\Delta_j = \dfrac{Gl^3}{48E \cdot 2I_z}$$

$$= \dfrac{20 \times 10^3 \text{ N} \times (3 \text{ m})^3}{48 \times 200 \times 10^9 \text{ Pa} \times 2 \times 2\,393.9 \times 10^{-8} \text{ m}^4} = 1.17 \text{ mm}$$

动荷因数

$$K_d = 1 + \sqrt{1 + \dfrac{2h}{\Delta_j}} = 1 + \sqrt{1 + \dfrac{2 \times 10 \times 10^{-3} \text{ m}}{1.17 \times 10^{-3} \text{ m}}} = 5.25$$

在静载荷作用下,梁的最大弯矩发生在 C 截面,其值为 $M_{\max} = \dfrac{Gl}{4}$,梁内的最大正应力为

$$\sigma_{j\max} = \dfrac{M_{\max}}{2W_z} = \dfrac{Gl}{4 \times 2W} = \dfrac{20 \times 10^3 \text{ N} \times 3 \text{ m}}{4 \times 2 \times 217.6 \times 10^{-6} \text{ m}^3} = 34.5 \text{ MPa}$$

梁的最大冲击应力为

$$\sigma_{d\max} = K_d \sigma_{j\max} = 5.25 \times 34.5 \text{ MPa} = 181 \text{ MPa}$$

(2) 计算图 10 – 8(b)所示梁的最大冲击应力

由于梁支承在弹簧上,A、B 处由弹簧变形引起的静挠度分别为

$$\Delta_j^A = \Delta_j^B = \frac{F_A}{k} = \frac{G}{2k}$$

由弹簧变形引起 C 截面的静挠度为

$$\Delta_{jk} = \frac{G}{2k} = \frac{20\ \text{kN}}{2\times 300\ \text{kN/m}} = 33.3\ \text{mm}$$

C 截面的静挠度为梁的弯曲变形和弹簧变形引起的挠度之和,即

$$\Delta_{bj} = \Delta_j + \Delta_{jk} = 1.17\ \text{mm} + 33.3\ \text{mm} = 34.5\ \text{mm}$$

动荷因数

$$K_{bd} = 1 + \sqrt{1 + \frac{2h}{\Delta_{bj}}} = 1 + \sqrt{1 + \frac{2\times 10\ \text{mm}}{34.5\ \text{mm}}} = 2.26$$

在静载荷作用下,梁内的最大正应力和图 10-8(a)所示梁的最大静应力相同,即

$$\sigma_{b\,j\,\max} = 34.5\ \text{MPa}$$

所以该梁的最大冲击应力为

$$\sigma_{b\,d\,\max} = K_{bd}\sigma_{bj\,\max} = 2.26\times 34.5\ \text{MPa} = 78\ \text{MPa}$$

讨论 由上述结果可以看出,两端为弹性支座梁的冲击应力比两端为刚性支座梁的冲击应力明显下降,说明弹簧吸收了能量,能够缓解冲击作用。

10.4 提高构件抗冲击能力的措施

在工程实际中,人们常利用冲击造成的巨大动载荷完成静载荷下难以进行的工作,如锻造、破碎、冲压及打桩等。但在更多的情况下则要求减小冲击载荷,提高构件承受冲击的能力。

由式(10-6)和式(10-7)可知,若构件的静应力保持不变,受冲构件冲击点的静变形 Δ_j 越大,动荷因数就越小,构件的冲击应力就越小。由于静变形 Δ_j 与构件的刚度成反比,因此工程中常利用降低结构刚度的方法来提高构件的承冲能力。例如汽车大梁和轮轴之间安装叠板弹簧;将构件的刚性支承改为弹性支承;选用弹性模量较小的材料,或者在构件冲击点上覆盖弹性模量较小的材料,如橡胶、软塑料、木材等。对于冲击拉压构件,应尽可能作成等截面以使静应力为常量,并使静变形达到可能的最大值。

10.5 疲劳强度的概念

在工程实际中,有很多构件受到随时间而变化的载荷作用,或者载荷不变化而构件本身在转动,从而构件内的应力也将随时间而变化。如图 10-9(a)所示齿轮

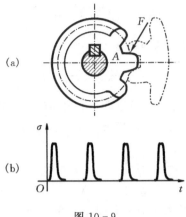

图 10-9

每旋转一周,其上任一齿的齿根处 A 点的弯曲正应力就由零变化到最大值,然后再回到零,图 10-9(b)为应力随时间变化的曲线。又如图 10-10(a)所示的火车车轴,它所承受的载荷虽然不随时间发生变化,但由于车轴本身在旋转,轴内各点的弯曲正应力也是随时间作周期性交替变化,$m-m$ 截面上弯曲正应力分布如图 10-10(b)所示,当截面外缘任一点经过位置 1,2,3,4 时,该点的应力随时间变化的曲线如图 10-10(c)所示。这种随时间而周期性交替变化的应力,称为**交变应力**。交变应力重复变化一次的过程,称为一个**应力循环**。重复变化的次数称为**循环次数**。

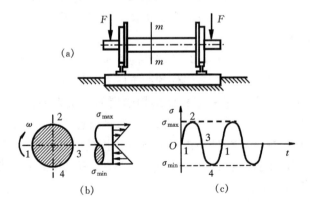

图 10-10

实践表明,构件在交变应力作用下的失效与静应力下的失效全然不同。在交变应力长期作用下,即使构件的最大应力低于材料的强度极限,甚至低于材料的屈服应力,构件也常会发生突然断裂。就是塑性很好的材料,断裂前也无显著的塑性变形。由于这种破坏经常发生在构件长期运转后,因此人们最初误认为这是由于材料"疲劳"所致,故称这种破坏为疲劳破坏。随着生产的发展,近代科学研究发现,发生疲劳破坏的构件,其材料性质并未改变。但沿于习惯,现在仍称构件在交变应力下的破坏为**疲劳破坏**,构件抵抗疲劳破坏的能力称为**疲劳强度**。

由大量实验研究结果和工程实践中的疲劳破坏现象可以看出,疲劳破坏具有下列特点:

(1) 疲劳强度比静强度低;

(2) 疲劳破坏通常表现为脆性断裂,即使是塑性很好的材料也是如此;

(3) 疲劳破坏与应力的大小及循环次数相关;

(4) 疲劳破坏断口,一般有两个明显不同的区域,一个是光滑区域,另一个是颗粒状的粗糙区域。图 10-11(a)所示为典型的疲劳破坏的断口,图 10-11(b)为火车挂钩销钉疲劳破坏断口的照片。

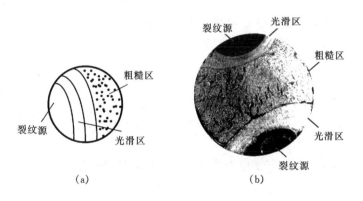

图 10-11

对疲劳破坏一般解释为:在构件应力较大处或材料有缺陷的地方,当交变应力大小超过一定限度,并经过一定的应力循环后,这些部位就会萌生很细微的裂纹,这就是裂纹的起源——**裂纹源**。在裂纹的尖端有严重的应力集中,随着应力循环次数不断增加,裂纹逐渐扩展。在裂纹扩展过程中,裂纹两边的材料时而压紧,时而分开,发生类似研磨的作用,逐渐形成了断口的光滑区。经过长期运转后,随着裂纹不断扩展,构件有效截面积逐渐减小,当截面削弱到一定程度时,在一个偶然的较大载荷下,构件就会沿着削弱的截面突然发生脆性断裂,形成断口的粗糙区。构件的疲劳破坏实质上就是裂纹萌生、扩展和最后断裂的过程。

疲劳破坏通常是在构件运行过程中,在没有明显先兆的情况下突然发生的,往往造成严重事故。因此,掌握交变应力下构件疲劳破坏的概念和有关的强度计算是十分重要的。同时,人们也在加强研究检测构件表面和内部裂纹的技术,以便及早防范。随着工业技术不断发展，国内外对于构件疲劳强度的研究更加深入和广泛。

10.6 交变应力及其循环特征

图 10－12 所示为构件受交变正应力作用时，其上一点的应力循环曲线。一个应力循环中的最大应力和最小应力分别用 σ_{max} 和 σ_{min} 表示，其平均值称为应力循环中的**平均应力**，用 σ_m 表示，即

$$\sigma_m = \frac{1}{2}(\sigma_{max} + \sigma_{min}) \qquad (10-9)$$

交变应力的变化幅度 σ_a 称为应力循环中的**应力幅**，即

$$\sigma_a = \frac{1}{2}(\sigma_{max} - \sigma_{min}) \qquad (10-10)$$

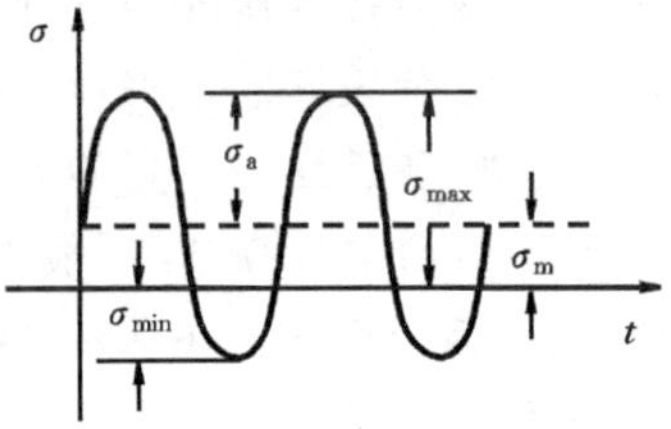

图 10－12

交变应力的变化规律通常用最小应力和最大应力的比值 r 表示，称为**循环特征**，即

$$r = \frac{\sigma_{min}}{\sigma_{max}} \qquad (10-11)$$

上述五个参数中，只有两个是独立的。若 $\sigma_{max} = -\sigma_{min}$，$r = -1$，称为**对称循环**交变应力，此时 $\sigma_m = 0$，$\sigma_a = \sigma_{max}$，图 10－10(a)所示车轴内各点的弯曲交变应力即为对称循环。

循环特征 $r \neq -1$ 的交变应力统称为**非对称循环**交变应力。由上述公式可知

$$\sigma_{max} = \sigma_m + \sigma_a$$

$$\sigma_{min} = \sigma_m - \sigma_a$$

可见，任一非对称循环都可看成是在平均应力 σ_m 上叠加一个幅度为 σ_a 的对称循环，如图 10－12 所示。若 $\sigma_{min} = 0$，$r = 0$，称为**脉动循环**交变应力，此时 $\sigma_m = \sigma_a = \frac{\sigma_{max}}{2}$，图 10－9(a)所示齿根处弯曲交变应力即为脉动循环。当 $\sigma_{max} = \sigma_{min} = \sigma_m$ 时，$r = +1$，即为静应力，此时 $\sigma_a = 0$，应力循环线为一水平线。

以上概念对交变切应力也完全适用，只需将 σ 改为 τ 即可。

10.7 材料的疲劳极限

由于构件的疲劳强度比静强度低，因此，静载荷下测定的屈服应力 σ_s 或者强度极限 σ_b 已不能作为疲劳强度指标，需要通过试验确定材料的疲劳强度指标。

在交变应力下，材料能经受无限次应力循环而不发生疲劳破坏的最高应力值，

称为材料的**疲劳极限**（或**持久极限**）。材料的疲劳极限与构件的变形形式（如拉伸、压缩、弯曲、扭转等）有关，且随着循环特征的不同而不同，以符号 σ_r 表示，下标 r 为循环特征。实验表明，在对称循环交变应力（$r=-1$）时，材料的疲劳极限最低，所以，对称循环下的疲劳极限 σ_{-1} 为材料疲劳强度的基本指标。

在对称循环交变应力下材料的疲劳极限是在弯曲疲劳试验机上测定，其示意图如图 10-13 所示。

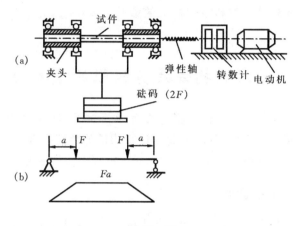

图 10-13

疲劳试验的试件一般加工成直径为 6～10 mm、表面磨削的光滑小试件。试验要求一组 6～10 根材质相同的标准试件，将试件依次安装在试验机上的夹头中，挂上砝码，使试件承受弯曲。试验机开动后，试件也随之旋转，承受对称循环交变应力。每根试件在不同的载荷下承受交变应力作用，直到破坏为止，记录下断裂前所经历的循环次数 N。试验时，每根试件承受的最大应力 $\sigma_{\max}$ 由高到低逐次减小，相应的循环次数 N 则逐次增大，在 $\sigma_{\max}-N$ 坐标系上可定出一系列点，由此得到一条试验曲线（图 10-14），通常称为**疲劳曲线**（或**应力-寿命曲线**），简称 **S-N 曲线**。该曲线的水平渐近线的纵坐标值即为材料的疲劳极限 $\sigma_{-1}^{弯}$。

常温下的试验结果表明，一般钢试件若经过 10^7 次应力循环仍未发生疲劳破坏，则可认为试件经受无限次应力循环也不会破坏，这个次数称为**循环基数**，记作 N_0。某些有色金属，其疲劳曲线并不明显地趋于水平，对于这类金属通常规定一个循环基数，一般取 $N_0=10^8$，与此循环基数对应的最大应力作为这类材料的**条件疲劳极限**。

同样，也可通过试验测定材料在拉-压或扭转等对称循环交变应力下的疲劳极限。

试验指出，钢材在对称循环下的疲劳极限与静载荷强度极限之间的经验关系

如下:

$$\sigma_{-1}^{弯} = (0.42 \sim 0.46)\sigma_b$$
$$\sigma_{-1}^{拉压} = (0.32 \sim 0.37)\sigma_b$$
$$\tau_{-1}^{扭} = (0.25 \sim 0.27)\sigma_b$$

对于铸钢、可锻铸铁及铜合金等:

$$\sigma_{-1}^{弯} = (0.3 \sim 0.4)\sigma_b$$

上述关系可作为粗略估计材料疲劳极限的参考。

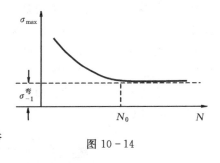

图 10-14

10.8 影响构件疲劳极限的主要因素

材料疲劳极限是由光滑小试件测定的,而实际构件与试件的几何形状、尺寸大小及表面加工质量等都有所不同,因此在计算构件的疲劳强度时必须考虑这些因素对构件疲劳极限的影响。下面讨论影响对称循环下构件疲劳极限的主要因素。

10.8.1 构件外形的影响

第2章中曾经提到,因为结构和工艺上的要求,构件常需开孔、切槽或制成阶梯形等,在这些截面突变处,会产生应力集中现象。在应力集中区域,局部应力很大,在较低的载荷下,就会出现疲劳裂纹,从而使构件的疲劳极限降低。在对称循环下,设没有应力集中小试件的疲劳极限为 σ_{-1},有应力集中小试件的疲劳极限为 σ_{-1}^k,则比值 $K_\sigma = \dfrac{\sigma_{-1}}{\sigma_{-1}^k}$ 称为**有效应力集中因数**,其值大于1,和构件的几何形状及材料性质有关。交变切应力的有效应力集中因数用 K_τ 表示。

10.8.2 尺寸大小的影响

试验表明,大尺寸构件的疲劳极限比相同材料的小试件低。一种观点认为随构件尺寸增大,构件内部所含的杂质、缺陷就相应增多,产生疲劳裂纹的几率就愈大。尺寸大小的影响用**尺寸因数** ε_σ 和 ε_τ 来表示,它是光滑大试件的疲劳极限 $(\sigma_{-1})_d$ 与同样几何形状的光滑小试件($d_0 \leqslant 10$ mm)的疲劳极限 σ_{-1} 之比,即 $\varepsilon_\sigma = \dfrac{(\sigma_{-1})_d}{\sigma_{-1}}$,尺寸因数 ε_σ 和 ε_τ 的值小于1。

10.8.3 表面加工质量的影响

疲劳破坏一般起源于构件的表面,因此,对于承受交变应力的构件,表面光洁度和加工质量对于构件的疲劳强度有很大的影响。表面加工粗糙、刻痕、损伤等都会引起应力集中,从而降低构件疲劳极限。对于钢材,它的强度极限愈高,表面加工情况对疲劳极限的影响愈显著。表面加工质量对疲劳极限的影响用**表面质量因数** β 度量,即

$$\beta = \frac{其他加工情况时小试件的疲劳极限}{表面磨光时小试件的疲劳极限}$$

常见零件的有效应力集中因数、尺寸因数和表面质量因数,可在机械设计手册中有关图表查出。

10.8.4 对称循环下构件的疲劳极限

综合考虑以上三个主要因素的影响,可得构件在对称循环下的疲劳极限为

$$\sigma_{-1}^{构} = \frac{\varepsilon_\sigma \beta}{K_\sigma} \sigma_{-1} \tag{10-12}$$

$$\tau_{-1}^{构} = \frac{\varepsilon_\tau \beta}{K_\tau} \tau_{-1} \tag{10-13}$$

式中 $\sigma_{-1}^{构}$ 和 $\tau_{-1}^{构}$ 分别为构件的正应力疲劳极限和切应力疲劳极限。

*10.9 交变应力下构件的疲劳强度条件

本节简要介绍对称循环交变应力下构件的疲劳强度条件及有限疲劳寿命的概念。

10.9.1 对称循环交变应力下构件的疲劳强度条件

为保证构件不发生疲劳破坏,其最大工作应力 $\sigma_{\max}$ 不能超过构件的许用应力,故构件的疲劳强度条件为

$$\sigma_{\max} \leqslant [\sigma_{-1}^{构}]$$

若构件的规定疲劳安全因数是 $[n_f]$,则其许用应力为

$$[\sigma_{-1}^{构}] = \frac{\sigma_{-1}^{构}}{[n_f]} = \frac{\varepsilon_\sigma \beta}{[n_f] K_\sigma} \sigma_{-1} \tag{10-14}$$

对于对称循环,$\sigma_{\max} = \sigma_a$,故构件的强度条件为

$$\sigma_a \leqslant \frac{\varepsilon_\sigma \beta}{[n_f] K_\sigma} \sigma_{-1} \tag{10-15}$$

工程实际中,常采用**安全因数法**对构件进行疲劳强度计算,即要求构件的实际安全因数不能小于构件的规定安全因数,令 $n_{f\sigma} = \dfrac{\sigma_{-1}^{构}}{\sigma_a}$ 为构件的**实际安全因数**,则构

件在对称循环交变正应力作用下的强度条件可写为

$$n_{f\sigma} = \frac{\sigma_{-1}^{构}}{\sigma_a} = \frac{\sigma_{-1}}{\frac{K_\sigma}{\varepsilon_\sigma \beta}\sigma_a} \geqslant [n_f] \qquad (10-16)$$

同理,构件在对称循环交变切应力作用下的强度条件可写为

$$n_{f\tau} = \frac{\tau_{-1}^{构}}{\tau_a} = \frac{\tau_{-1}}{\frac{K_\tau}{\varepsilon_\tau \beta}\tau_a} \geqslant [n_f] \qquad (10-17)$$

10.9.2 有限疲劳寿命的概念

前面所讨论的疲劳强度计算中,是以材料的疲劳极限为基本指标。所谓疲劳极限即是经过无限次应力循环而不破坏的最大应力值,这是一种"无限寿命"的设计思想,这里所谓的"无限寿命"是指无裂纹的寿命。"无限寿命设计"必然会使构件的尺寸及重量增大,这在很多情况下是没有必要的。

随着科学技术的发展,在交变应力下把构件的许用应力设计在疲劳极限以下,以求构件永远不会破坏的"无限寿命设计",正在被"有限寿命设计"所代替。疲劳强度计算的目的,是为了保证构件在"服役"期内不发生疲劳破坏,工程上对承受交变应力的构件,并不要求有"无限寿命",而是允许材料存在一定尺寸的裂纹,规定一定的使用期限,到期即更换构件,这种设计称为"有限寿命设计"。

10.10 提高构件疲劳强度的措施

大量疲劳破坏事件和试验研究表明,疲劳裂纹的裂纹源一般出现在工作应力较高的构件表层及应力集中处,所以提高构件的疲劳强度,应从下列几方面考虑。

首先,要合理设计构件的形状,减缓应力集中。为了消除或减缓应力集中,构件上要尽量避免开孔、切槽或制成阶梯形等,在

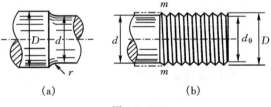

图 10-15

可能的情况下,截面尺寸突变处的过渡圆角应尽量大一些,如图 10-15(a)所示的阶梯轴,只要将过渡圆角半径 r 由 1 mm 增大为 5 mm,其疲劳强度就会大幅度提高。又如图 10-15(b)所示螺栓,若光杆段的直径与螺纹外径 D 相同,则 $m-m$ 截面附近的应力集中相当严重;如若改为 $d=d_0$,则情况将有很大的改善。

其次,提高构件表面质量。适当提高表面光洁度,可减小切削伤痕所造成的应

力集中影响,应尽量避免构件表面受到各种损伤,如划伤、腐蚀、锈蚀等。特别是强度较高的合金钢,对应力集中的影响更为敏感,更应保证构件表面有较高的光洁度,这样才有利于发挥它的高强度性能。

工程上还通过一些工艺措施来提高构件表层强度。常用的方法有表面热处理(如表面淬火、渗碳、渗氮等)及表面强化(如表面滚压、喷丸等),前者可以提高表层材料的强度,后者使构件表面材料冷作硬化并形成残余压应力层,从而达到提高疲劳强度的目的。但采用这些方法时,一定要严格控制工艺过程,否则构件表面会产生微小裂纹,反而降低构件的疲劳极限。

复习思考题

10-1 何谓动荷因数?分别写出构件作匀加速直线运动和自由落体冲击时的动荷因数。

10-2 为什么转动的飞轮都有一定的转速限制?

10-3 一报废的铸铁件,如按图示放置,未能将其冲断。可以采取那些措施将其冲断?为什么?

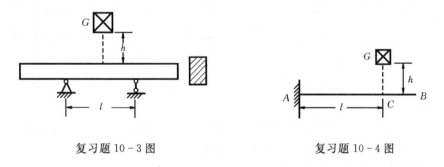

复习题 10-3 图　　　　　　　　复习题 10-4 图

10-4 图示悬臂梁 AB,重量为 G 的重物自高度 h 处自由下落在梁的 C 点上,欲减小梁的最大应力,冲击点 C 应向左移还是右移?

10-5 提高构件承受冲击能力的措施有哪些?

10-6 何谓疲劳破坏?疲劳破坏有哪些特点?形成疲劳破坏的原因是什么?

10-7 试列举几个在生产实际及生活中,构件发生疲劳破坏的实例。

10-8 构件承受交变应力作用会发生疲劳破坏。人们经常用两手上下折扳一根铁丝,经过几次反复折扳,可把铁丝折成两半,铁丝的这种破坏是疲劳破坏吗?

10-9 何谓材料的疲劳极限?怎样由实验确定材料的疲劳极限?影响构件疲劳极限的因素有哪些?

10-10 在静强度计算中,材料的强度极限和构件的强度极限是相同的,而在疲劳强度计算时,材料的疲劳极限和构件的疲劳极限却不相同,这是为什么?

10-11 提高构件疲劳强度的措施有哪些?

习 题

10-1 图示桥式起重机,起重机构 C 重量为 $G_1=20$ kN,起重机大梁为 20a 工字钢,今用直径 $d=20$ mm 的钢索起吊重量为 $G_2=10$ kN 的重物,在启动后第一秒内以匀加速度 $a=3$ m/s² 上升。若钢索与梁的许用应力均为 $[\sigma]=45$ MPa,钢索重量不计,试校核钢索与梁的强度。

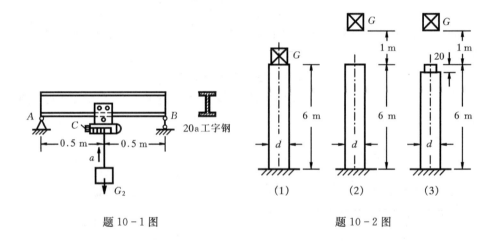

题 10-1 图　　　　　　　题 10-2 图

10-2 直径 $d=30$ cm 的圆木桩,下端固定,上端受 $G=5$ kN 的重物作用,木材的弹性模量 $E_1=10$ GPa。试求下列三种情况下,木桩内的最大正应力。

(1) 重物以静载荷的方式作用于木桩上;

(2) 重物从离桩顶 1 m 的高度自由落下;

(3) 在桩顶放置直径为 150 mm,厚为 20 mm 的橡皮垫,其弹性模量 $E_2=8$ MPa,重物从离桩顶 1 m 的高度自由落下。

10-3 图示圆截面钢杆,直径 $d=40$ mm,杆长 $l=4$ m,许用应力 $[\sigma]=120$ MPa,弹性模量 $E=200$ GPa。钢杆的下端连结一圆盘,盘上放置弹簧,弹簧刚度 $k=1\,600$ kN/m。若有重为 15 kN 的重物自由落下,试求其许可的高度 h。又若没有弹簧,则许可的高度 h' 将等于多大?

10-4 一矩形截面悬臂梁如图所示,$l=2$ m,材料的许用应力 $[\sigma]=160$ MPa,弹性模量 $E=200$ GPa。若重为 $G=10$ kN 的重物自高度 $h=40$ mm 处

自由下落在梁的自由端 A 点，试校核梁的强度，并求梁跨度中央的动挠度。

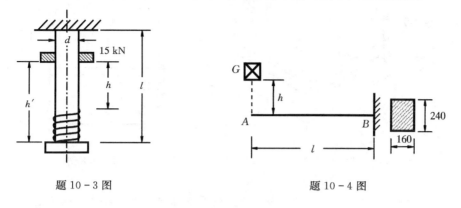

题 10-3 图　　　　　　　　题 10-4 图

10-5　设跳水运动员体重为 800 N，跳板尺寸如图，跳板材料 $E=10$ GPa，$[\sigma]=45$ MPa。运动员起跳到高度 $h=2$ m，自由下落到 B 点，试校核跳板强度。

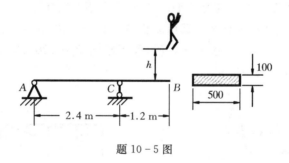

题 10-5 图

10-6　图示矩形截面梁 AB，B 端为弹簧支承，弹簧刚度为 k。梁弹性模量为 E。若重为 G 的重物自高度 H 处自由下落在梁的中点 C，试求梁的最大冲击应力。

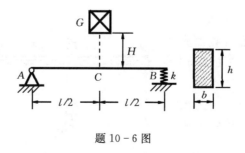

题 10-6 图

10-7　图示重物 W 从高度 H 处自由下落到钢制水平直角曲拐上，已知材料的 E 和 G，试按第三强度理论求出曲拐危险点的相当应力。

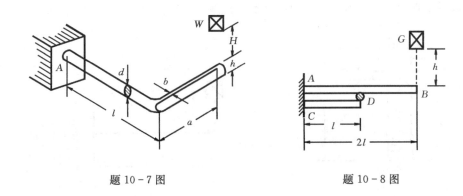

题 10-7 图   题 10-8 图

*10-8 图示 AB 梁用 CD 梁加固,在 D 处通过一刚体接触,两梁的抗弯刚度均为 EI。若一重量为 G 的重物自高度 h 处自由下落到 B 点,试求 CD 梁上 D 点的挠度。

10-9 试求图示交变应力的平均应力、应力幅及循环特征。

10-10 一发动机连杆的横截面面积 $A=2.83\times10^3$ mm²,在汽缸点火时,连杆受到轴向压力 520 kN,当吸气开始时,受到轴向拉力 120 kN,试求连杆的应力循环特征、平均应力及应力幅。

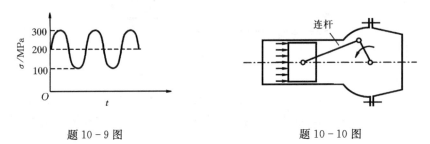

题 10-9 图   题 10-10 图

10-11 重量 $W=5$ kN 的重物通过轴承悬吊在等截面光滑圆轴上,轴在铅垂位置 $\pm30°$ 的范围内往复摆动,试求危险截面上 1、2、3、4 各点的应力循环特征。已知轴的直径 $d=40$ mm。

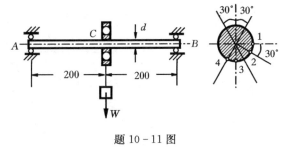

题 10-11 图

第 11 章 联接件的强度

11.1 概 述

工程中常用到联接件,如图 11-1(a)所示联接钢板的铆钉、图 11-1(b)所示齿轮和轴之间的键联接、图 11-1(c)所示销钉联接、图 11-1(d)所示木结构中的榫联接等。

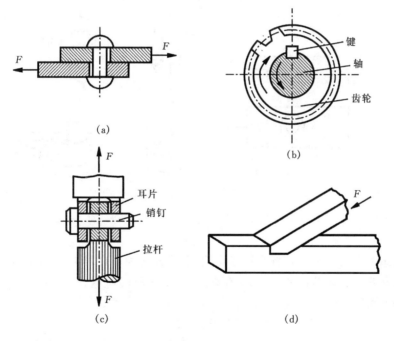

图 11-1

联接件一般不是细长杆件,受力和变形比较复杂,对这类构件要通过理论分析作精确计算十分困难,因此,工程中一般采用**实用计算法**来进行联接件的强度计算。一方面,它是根据联接件的实际使用和破坏情况,对其受力及应力分布作出一些假设并进行简化,从而建立名义应力公式,以此来计算联接件各部分的工作应力;另一方面,用同类联接件进行破坏试验,得到破坏载荷,再按相同的名义应力公式确定联接件的名义破坏应力,作为强度计算的依据。实践证明,用此方法设计的联接件是安全可靠的。

11.2 联接件的实用计算法

11.2.1 剪切实用计算

图 11-2(a)所示用铆钉联接的两块钢板。当钢板受力时,铆钉受到上、下钢板作用的力 F(图 11-2(b))。在这一对力作用下,铆钉上、下两部分将沿着与力作用线平行的 $m-m$ 截面发生相对错动,如图 11-2(c)所示,这种变形称为**剪切**。如果力 F 过大,铆钉将沿 $m-m$ 截面被剪断,$m-m$ 截面称为**剪切面**。

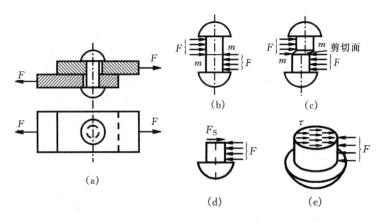

图 11-2

假想沿剪切面 $m-m$ 将铆钉截开,取下部分作为研究对象,为了保持平衡,剪切面上必有平行于截面的内力 F_S 存在,如图 11-2(d)所示,F_S 称为**剪力**。由静力平衡条件可得

$$F_S = F$$

铆钉发生剪切变形时,在剪切面上有和剪力对应的切应力 τ(图 11-2(e)),切应力 τ 的实际分布情况比较复杂。计算时采用实用计算法,即假设切应力 τ 在剪切面上均匀分布,于是切应力的计算式为

$$\tau = \frac{F_S}{A_j} \tag{11-1}$$

式中 A_j 为剪切面面积。若铆钉直径为 d，则 $A_j = \dfrac{\pi d^2}{4}$。用式(11-1)计算的切应力称为**名义切应力**。

材料抗剪切能力，通过材料的**剪切破坏试验**确定。试验时要求试件的形状和受力情况尽可能与构件实际受力情况类似。由试验测得破坏剪力 F_s°，并按式(11-1)得出名义破坏切应力 $\tau^\circ = \dfrac{F_s^\circ}{A_j}$，除以适当的安全因数 n，得到材料的许用切应力 $[\tau]$，即

$$[\tau] = \dfrac{\tau^\circ}{n}$$

因此，剪切强度条件为

$$\tau = \dfrac{F_s}{A_j} \leqslant [\tau] \tag{11-2}$$

试验表明，钢材联接件的许用切应力约为

$$[\tau] = (0.6 \sim 0.8)[\sigma]$$

式中 $[\sigma]$ 为钢材的拉伸许用应力。

11.2.2 挤压实用计算

联接件除了发生剪切变形外，在联接件和被联接件的接触面上还会发生局部受压的现象，称为**挤压**。如图 11-2(a)所示的铆钉联接中，铆钉和钢板在接触面上相互挤压，当压力过大时，在铆钉或钢板接触处的局部区域将产生塑性变形或压溃，发生**挤压破坏**，从而使联接件失效，因此，对联接件还必须进行挤压强度计算。图 11-3(a)为钢板的圆孔被铆钉挤压成椭圆孔的情况。

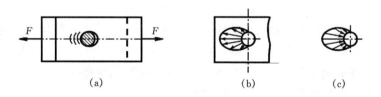

图 11-3

联接件和被联接件相互挤压的接触面称为**挤压面**，在接触面上的压力称为**挤压力**，用 F_c 表示，挤压力引起的应力称为**挤压应力**，用 σ_c 表示。钢板和铆钉之间的挤压应力在挤压面上的分布大致如图 11-3(b)，(c)所示。

挤压应力在挤压面上的分布也是比较复杂的，计算时同样采用实用计算法，假设挤压应力在挤压面上均匀分布，即

$$\sigma_c = \frac{F_c}{A_c} \tag{11-3}$$

式中 A_c 为挤压面的计算面积。

挤压面的计算面积,视接触面的具体情况而定。对于铆钉、销钉等一类圆柱形构件,实际挤压面是半圆柱面,在实用计算中,一般取圆柱的直径投影面积作为挤压面的计算面积,如图 11-4(a)所示,$A_c = dl$。若接触面为平面,如图 11-4(b)所示的键,则取实际挤压面积为计算面积,$A_c = lh/2$。

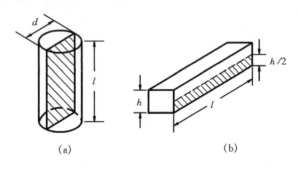

图 11-4

联接件的挤压强度条件为

$$\sigma_c = \frac{F_c}{A_c} \leqslant [\sigma_c] \tag{11-4}$$

式中$[\sigma_c]$为**许用挤压应力**,可用确定许用切应力$[\tau]$相类似的方法来确定,其具体数值,可从有关设计手册中查到。对于钢材,许用挤压应力$[\sigma_c]$与许用拉应力$[\sigma]$之间存在如下经验关系

$$[\sigma_c] = (1.7 \sim 2.0)[\sigma]$$

例 11-1 图 11-5(a)所示拖车挂钩用销钉来联接,已知挂钩部分的钢板厚度 $t = 8$ mm,销钉的材料为 20 钢,其许用切应力$[\tau] = 60$ MPa,许用挤压应力$[\sigma_c] = 100$ MPa,拖车的拉力 $F = 18$ kN。试选择销钉的直径 d。

解 取销钉为研究对象,其受力如图 11-5(b)所示。

(1) 按剪切强度条件进行设计

销钉有两个剪切面,这种情况称为**双剪**。应用截面法将销钉沿剪切面截开,由平衡条件可得剪切面上的剪力为

$$F_S = \frac{F}{2} = \frac{18 \times 10^3 \text{ N}}{2} = 9 \times 10^3 \text{ N}$$

销钉剪切面的面积 $A_j = \dfrac{\pi d^2}{4}$,则由剪切强度条件式(11-2)有

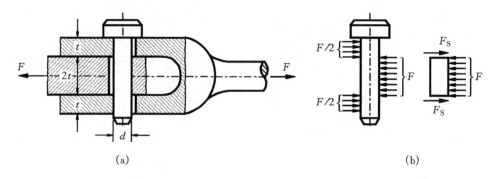

图 11-5

$$\tau = \frac{F_S}{A_j} = \frac{F_S}{\frac{\pi d^2}{4}} \leqslant [\tau]$$

所以销钉的直径为

$$d \geqslant \sqrt{\frac{4F_S}{\pi[\tau]}} = \sqrt{\frac{4 \times 9 \times 10^3 \text{ N}}{\pi \times 60 \times 10^6 \text{ Pa}}} = 13.8 \text{ mm}$$

(2) 按挤压强度条件进行校核

销钉挤压面的计算面积 $A_c = td$,挤压力 $F_c = \frac{F}{2}$,挤压应力为

$$\sigma_c = \frac{F_c}{A_c} = \frac{F}{2td} = \frac{18 \times 10^3 \text{ N}}{2 \times 8 \times 10^{-3} \text{ m} \times 13.8 \times 10^{-3} \text{ m}} = 81.5 \text{ MPa} < [\sigma_c]$$

销钉的挤压强度足够。

综合考虑剪切和挤压强度,可选取 $d=14$ mm 的销钉。

例 11-2 图 11-6(a)所示传动轴直径 $d=45$ mm,传递力矩 $M=450$ N·m。键的尺寸为 $l=60$ mm,$b=14$ mm,$h=9$ mm,如图 11-6(b)所示。键的材料为 45 钢,许用切应力 $[\tau]=60$ MPa,许用挤压应力 $[\sigma_c]=100$ MPa,试校核键的强度。

解 (1) 计算键上的作用力 F

$$F \frac{d}{2} = M$$

故

$$F = \frac{2M}{d} = \frac{2 \times 450 \text{ N·m}}{45 \times 10^{-3} \text{ m}} = 20 \times 10^3 \text{ N}$$

(2) 校核剪切强度

剪力 $F_S = F$,剪切面积 $A_j = bl$,则切应力

$$\tau = \frac{F_S}{A_j} = \frac{F}{bl} = \frac{20 \times 10^3 \text{ N}}{14 \text{ mm} \times 60 \text{ mm}} = 23.8 \text{ MPa} < [\tau]$$

键的剪切强度足够。

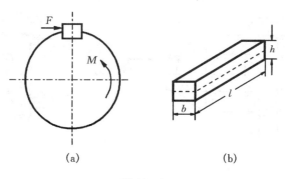

图 11-6

(3) 校核挤压强度

挤压力 $F_c = F$，挤压面积 $A_c = hl/2$，则挤压应力

$$\sigma_c = \frac{F_c}{A_c} = \frac{2F}{hl} = \frac{2 \times 20 \times 10^3 \text{ N}}{9 \text{ mm} \times 60 \text{ mm}} = 74.1 \text{ MPa} < [\sigma_c]$$

键的挤压强度也是足够的。

综上所述，键的强度足够。

例 11-3 如图 11-7(a)所示，在厚度 $t = 5$ mm 的钢板上，冲成直径 $d = 18$ mm 的圆孔，钢板的极限切应力 $\tau° = 400$ MPa。试求冲床必需冲压力 F。

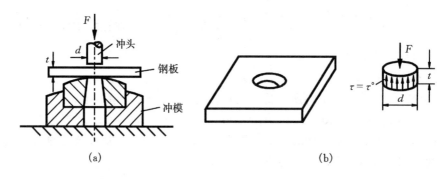

图 11-7

解 钢板的剪切面面积等于圆孔侧面的面积，如图 11-7(b)所示，即

$$A_j = \pi d t$$

要在钢板上冲成圆孔，钢板所受的切应力 τ 应达到钢板的破坏切应力 $\tau°$，即

$$\tau = \frac{F_S}{A_j} = \frac{F}{A_j} = \tau°$$

所以，冲床所需要的冲压力为

$$F = \tau^\circ A_j = \tau^\circ \pi dt = 400 \times 10^6 \text{ Pa} \times 3.14 \times 18 \times 10^{-3} \text{m} \times 5 \times 10^{-3} \text{m} = 113 \text{ kN}$$

例 11 - 4 图 11 - 8(a)所示两块钢板用边焊缝联接,板宽 $b=100$ mm,厚度 $t=15$ mm,焊缝长度 $l=120$ mm,已知钢板的许用拉应力$[\sigma]=160$ MPa,焊缝的许用切应力$[\tau]=100$ MPa,试求最大许可载荷 F。

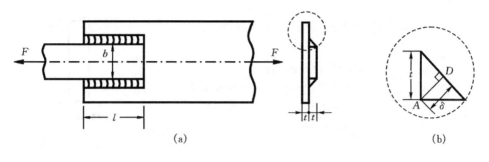

图 11 - 8

解 由于焊缝端部焊接质量较差,故一般取焊缝的计算长度为焊缝实际长度减去10 mm,即

$$l' = l - 0.01 \text{ m}$$

焊缝的横截面一般视为等腰三角形,通常以三角形斜边的高为焊缝的计算厚度 δ,如图 11 - 8(b)所示,即

$$\delta = \overline{AD} = t\cos 45°$$

焊缝的剪切面积

$$A_j = 2\delta l' = 2t(l - 0.01 \text{ m})\cos 45°$$

按焊缝的剪切强度条件

$$\tau = \frac{F_S}{A_j} = \frac{F}{2t(l - 0.01 \text{ m})\cos 45°} \leqslant [\tau]$$

得

$$F \leqslant 2t(l - 0.01 \text{ m})\cos 45°[\tau]$$
$$= 2 \times 0.015 \text{ m} \times (0.12 \text{ m} - 0.01 \text{ m})\cos 45° \times 100 \times 10^6 \text{ Pa}$$
$$= 233 \text{ kN}$$

按钢板的拉伸强度条件

$$\sigma = \frac{F_N}{A} = \frac{F}{bt} \leqslant [\sigma]$$

得

$$F \leqslant bt[\sigma] = 0.1 \text{ m} \times 0.015 \text{ m} \times 160 \times 10^6 \text{ Pa} = 240 \text{ kN}$$

所以最大许可载荷为 $F=233$ kN。

复习思考题

11-1 联接件强度分析中为什么采用实用计算方法,何谓名义应力?用名义应力怎样保证构件的安全?

11-2 联接件上的剪切面、挤压面与外力方向有什么关系?

11-3 压缩和挤压有什么区别?

11-4 故宫中的柱子下面都垫一个石鼓如图所示,试问石鼓起什么作用?可能会发生什么破坏?

11-5 试指出图中各零件的剪切面、挤压面和拉断面。

复习题 11-4 图

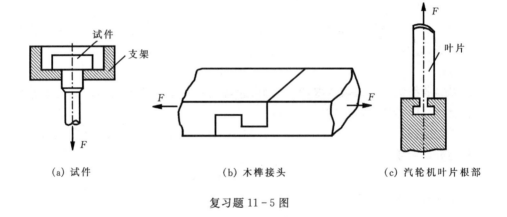

(a) 试件　　　　　(b) 木榫接头　　　　　(c) 汽轮机叶片根部

复习题 11-5 图

习 题

11-1 图示一销钉受拉力 F 作用,销钉头的直径 $D=32$ mm, $h=12$ mm,销钉杆的直径 $d=20$ mm,许用切应力 $[\tau]=120$ MPa,许用挤压应力 $[\sigma_c]=300$ MPa,$[\sigma]=160$ MPa。试求销钉可承受的最大拉力 F_{max}。

11-2 图示螺栓联接,已知外力 $F=200$ kN,厚度 $t=20$ mm,板与螺栓的材料相同,其许用切应力 $[\tau]=80$ MPa,许用挤压应力 $[\sigma_c]=200$ MPa。试设计螺栓的直径。

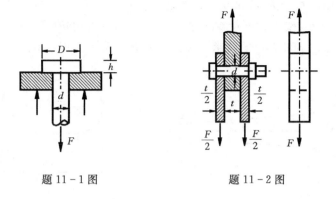

题 11-1 图　　　　　题 11-2 图

11-3　图示凸缘联轴器传递的力矩 $M=200$ N·m，两凸缘之间用 4 个螺栓联接，螺栓内径 $d=10$ mm，对称地分布在直径 $D=80$ mm 的圆周上，螺栓许用切应力 $[\tau]=80$ MPa，试校核螺栓的剪切强度。

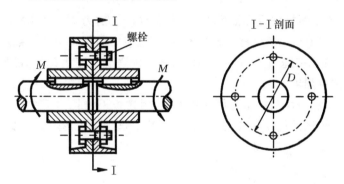

题 11-3 图

11-4　两矩形截面木杆，用两块钢板连接如图所示，设截面的宽度 $b=150$ mm，承受轴向拉力 $F=60$ kN，木材的许用拉应力 $[\sigma]=8$ MPa，许用切应力 $[\tau]=1$ MPa，许用挤压应力 $[\sigma_c]=10$ MPa。试求接头处所需的尺寸 δ, l, h。

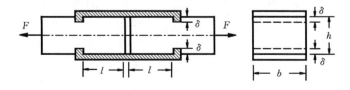

题 11-4 图

11-5 图示直径为 30 mm 的心轴上安装着一个手摇柄,杆与轴之间有一个键 K,键长 36 mm,截面为正方形,边长 8 mm,材料的许用切应力 $[\tau]=56$ MPa,许用挤压应力 $[\sigma_c]=200$ MPa。试求手摇柄右端 F 力的最大许可值。

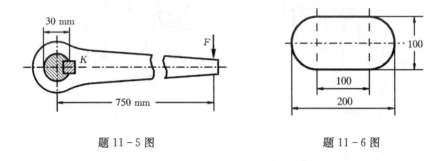

题 11-5 图   题 11-6 图

11-6 在厚度 $t=10$ mm 的薄钢板上,冲出一个如图所示形状的孔,钢板的破坏切应力 $\tau^\circ=320$ MPa。试求冲床必需的冲压力 F。

11-7 图示斜杆安置在横梁上,作用在斜杆上的力 $F=50$ kN,$\alpha=30°$,$H=200$ mm,$b=150$ mm。横梁材料为松木,许用拉应力 $[\sigma]=8$ MPa,顺纹许用切应力 $[\tau]=1$ MPa,许用挤压应力 $[\sigma_c]=8$ MPa,试求横梁端头尺寸 l 及 h 的值,并校核横梁削弱处的抗拉强度。

11-8 图示两块钢板用边焊缝联接,作用在板上的拉力 $F=250$ kN,焊缝高度 $t=10$ mm,焊缝的许用切应力 $[\tau]=100$ MPa,试求所需的焊缝长度 l。

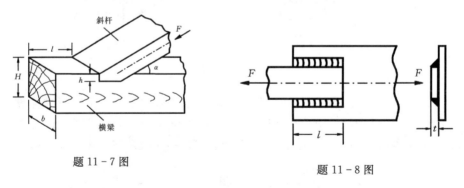

题 11-7 图   题 11-8 图

附录 A 截面图形的几何性质

计算杆件在外力作用下的应力和变形时,曾用到杆件横截面图形的几何性质,例如计算拉(压)杆应力和变形时所用到的横截面面积 A,计算圆杆扭转时所用到的横截面极惯性矩 I_p 等。附录 A 将介绍截面图形其他一些几何性质的定义及其计算方法。

A.1 静矩和形心

A.1.1 静矩

图 A-1 所示一任意截面图形,其面积为 A。在坐标 y,z 处,取一微面积 dA,则 ydA 和 zdA 分别定义为微面积 dA 对于 z 轴和 y 轴的**静矩**(若将 dA 看作微力,则 ydA 和 zdA 即相当于静力学中的力矩,故称其静矩)。积分

$$\left.\begin{array}{l}S_z = \int_A y\,dA \\ S_y = \int_A z\,dA\end{array}\right\} \quad (A-1)$$

分别定义为截面图形对于 z 轴和 y 轴的静矩。

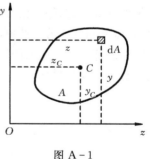

图 A-1

静矩是对某一坐标轴而言,同一截面图形对不同坐标轴的静矩不同。静矩的数值可能为正或负,也可能为零,其量纲为[长度^3],常用单位为 m^3 或 mm^3。

A.1.2 形心的计算

静矩可用于确定平面图形的形心位置。

由静力学的合力矩定理可知,各分力对某轴的力矩之和等于合力对同一轴之矩。如前所述,dA 可视为分力,A 可视为合力,则有

$$\left.\begin{array}{l}\int_A y\mathrm{d}A = y_C A \\ \int_A z\mathrm{d}A = z_C A\end{array}\right\} \qquad (A-2)$$

式中 y_C, z_C 为截面的形心在 yoz 坐标系中的坐标(图 A-1)。将上式代入式(A-1),可得

$$\left.\begin{array}{l}S_z = y_C A \\ S_y = z_C A\end{array}\right\} \quad 或 \quad \left.\begin{array}{l}y_C = \dfrac{S_z}{A} \\ z_C = \dfrac{S_y}{A}\end{array}\right\} \qquad (A-3)$$

已知截面的面积及形心坐标时,即可按上式计算此截面对于 z 轴和 y 轴的静矩;反之,已知截面面积及截面对于 z 轴和 y 轴的静矩时,上式可以确定截面形心的坐标。

由式(A-3)可知:截面对于通过其形心坐标轴的静矩恒等于零;反之,截面对于某一轴的静矩若等于零,则该轴必通过截面的形心。

A.1.3　组合图形的形心

当截面图形是由若干简单图形组成时,由静矩的定义可知,各简单图形对于某一轴的静矩之和,等于该截面图形对于同一轴的静矩。因此,对于形状较复杂的截面,可将其划分为若干简单图形,计算出每一简单图形的静矩,求其代数和,即得整个截面的静矩。设截面图形可划分为 n 个简单图形,其形心坐标为 (y_C, z_C),组合图形对 y、z 坐标轴的静矩为

$$\left.\begin{array}{l}S_z = \sum\limits_{i=1}^{n} S_{zi} = \sum\limits_{i=1}^{n} A_i y_{Ci} \\ S_y = \sum\limits_{i=1}^{n} S_{yi} = \sum\limits_{i=1}^{n} A_i z_{Ci}\end{array}\right\} \qquad (A-4)$$

式中 A_i, y_{Ci}, z_{Ci} 分别为第 i 个简单图形的面积及其形心坐标。由式(A-3)可得组合图形的形心坐标为

$$\left.\begin{array}{l}y_C = \dfrac{S_z}{A} = \dfrac{\sum\limits_{i=1}^{n} A_i y_{Ci}}{\sum\limits_{i=1}^{n} A_i} \\ z_C = \dfrac{S_y}{A} = \dfrac{\sum\limits_{i=1}^{n} A_i z_{Ci}}{\sum\limits_{i=1}^{n} A_i}\end{array}\right\} \qquad (A-5)$$

例 A - 1 试确定图 A - 2 所示截面形心 C 的位置。

解 将截面看成是由矩形 1 和 2 组成。由于截面左右对称,故有一垂直对称轴。设对称轴为 y 轴,则截面的形心必然在 y 轴上。选一平行于底边,且通过矩形 2 形心的辅助坐标轴 z,由式(A - 5)可得

$$y_C = \frac{A_1 y_{C1} + A_2 y_{C2}}{A_1 + A_2}$$

$$= \frac{0.14 \text{ m} \times 0.02 \text{ m} \times 0.08 \text{ m} + 0.1 \text{ m} \times 0.02 \text{ m} \times 0}{0.14 \text{ m} \times 0.02 \text{ m} + 0.1 \text{ m} \times 0.02 \text{ m}}$$

$$= 0.0467 \text{ m} = 46.7 \text{ mm}$$

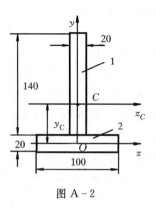

图 A - 2

A.2 惯性矩和惯性积

在截面图形内的任意坐标 y, z 处取一微面积 dA,如图 A - 3 所示。则 $z^2 dA$ 和 $y^2 dA$ 分别定义为微面积 dA 对 y 轴和 z 轴的**惯性矩**。整个图形对 y 轴和 z 轴的惯性矩分别为

$$\left. \begin{aligned} I_y &= \int_A z^2 dA \\ I_z &= \int_A y^2 dA \end{aligned} \right\} \quad (A - 6)$$

微面积 dA 到坐标原点 O 的距离为 ρ,定义 $\rho^2 dA$ 为微面积 dA 对 O 点的**极惯性矩**,整个图形对 O 点的极惯性矩为

$$I_p = \int_A \rho^2 dA \quad (A - 7)$$

图 A - 3

由图 A - 3 可知 $\rho^2 = y^2 + z^2$,所以有

$$I_p = \int_A \rho^2 dA = \int_A (y^2 + z^2) dA = I_z + I_y \quad (A - 8)$$

即图形对任意一对正交轴的惯性矩之和,等于图形对两轴交点的极惯性矩。

惯性矩 I_y、I_z 和极惯性矩 I_p 恒为正值,其量纲为[长度^4],其常用单位为 m^4 或 mm^4。

微面积 dA 与两坐标 y, z 的乘积 $yz dA$,定义为该微面积对此正交轴的**惯性积**。积分

$$I_{yz} = \int_A yz dA \quad (A - 9)$$

定义为截面图形对于正交轴 y,z 的惯性积。

惯性积 I_{yz} 的数值可能为正或负,也可能等于零,其量纲为[长度⁴],其常用单位为 m^4 或 mm^4。

当坐标轴 y 或 z 中有一个是截面图形的对称轴时,如图 A-4 中的 y 轴。在 y 轴两侧的对称位置各取一微面积 dA,则两个微面积的 y 坐标相同,z 坐标数值相等而正负号相反。因而两个微面积的惯性积数值相等,正负号相反,它们在积分中相互抵消,因而图形的惯性积等于零。所以正交坐标轴中只要有一个轴为截面图形的对称轴,则图形对该正交坐标轴的惯性积必等于零。

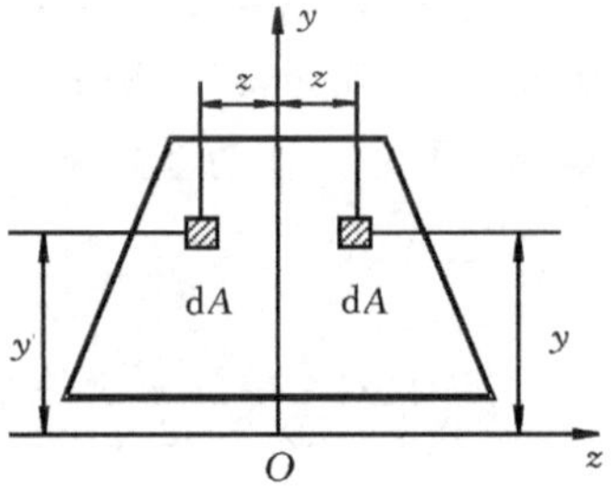

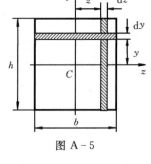

图 A-4

在力学计算中,有时把惯性矩写成图形面积与某一长度平方的乘积,即

$$\left. \begin{array}{l} I_y = A i_y^2 \\ I_z = A i_z^2 \end{array} \right\} \tag{A-10}$$

式中 i_y 和 i_z 分别定义为截面图形对 y 轴和 z 轴的**惯性半径**(或**回转半径**),其单位为 m 或 mm。

例 A-2 试计算图 A-5 所示矩形截面对其对称轴 y 和 z 的惯性矩。

解 先计算截面对于 z 轴的惯性矩 I_z。取平行于 z 轴的狭长矩形作为微面积,即 $dA = bdy$,由式(A-6)得

$$I_z = \int_A y^2 dA = \int_{-\frac{h}{2}}^{\frac{h}{2}} by^2 dy = \frac{bh^3}{12}$$

同理,计算 I_y 时,可取 $dA = hdz$ 得

$$I_y = \int_A z^2 dA = \int_{-\frac{b}{2}}^{\frac{b}{2}} hz^2 dz = \frac{hb^3}{12}$$

图 A-5

例 A-3 试计算圆截面对于其直径轴的惯性矩(图 A-6)。

解 在第 3 章已求出圆截面对圆心 C 点的极惯性矩为 $I_p = \frac{\pi d^4}{32}$,利用式(A-8)并注意到圆截面 $I_y = I_z$,可求得

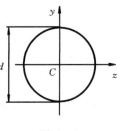

图 A-6

$$I_y = I_z = \frac{1}{2}I_p = \frac{\pi d^4}{64}$$

当截面是由若干简单图形组成时,由惯性矩的定义可知,组合图形对某一坐标轴的惯性矩,等于各简单图形对同一坐标轴的惯性矩之和。设组合截面 A 由 n 个简单图形组成,则组合图形对 y、z 坐标轴的惯性矩为

$$\left. \begin{aligned} I_y &= \sum_{i=1}^{n} I_{yi} \\ I_z &= \sum_{i=1}^{n} I_{zi} \end{aligned} \right\} \tag{A-11}$$

A.3 平行移轴公式

由上述可知,同一截面图形对不同坐标轴的惯性矩和惯性积并不相同,现在来研究图形对相互平行的两对坐标轴惯性矩及惯性积之间的关系。

图 A-7 所示一任意截面图形,它对任意一对坐标轴 y, z 的惯性矩和惯性积分别为 I_y、I_z 和 I_{yz}。C 点为图形形心,y_C 轴和 z_C 轴为一对分别与 y 轴和 z 轴平行的形心轴,图形对它们的惯性矩和惯性积分别为 I_{y_C},I_{z_C} 和 $I_{y_C z_C}$。形心 C 在 Oyz 坐标系的坐标为 (a, b),这样,微面积 dA 在两个坐标系中的坐标关系为

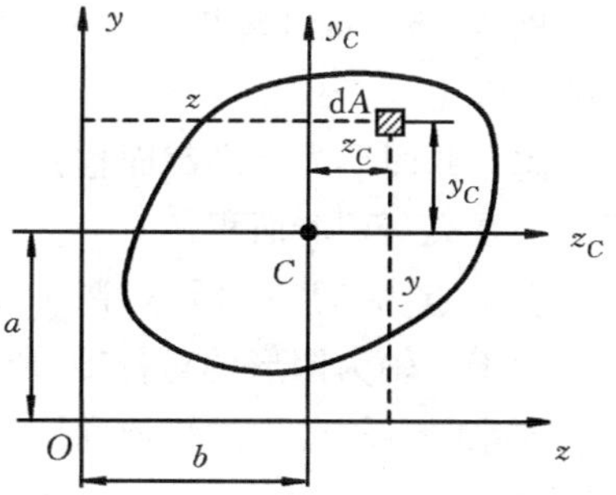

$$y = y_C + a \qquad z = z_C + b$$

图 A-7

因此

$$I_y = \int_A z^2 dA = \int_A (z_C + b)^2 dA = \int_A z_C^2 dA + 2b\int_A z_C dA + b^2 \int_A dA$$

由于图形对其形心轴的静矩等于零,即 $\int_A z_C dA = 0$,又 $\int_A dA = A$,上式可写成

$$I_y = I_{y_C} + b^2 A \tag{A-12(a)}$$

同理

$$I_z = I_{z_C} + a^2 A \tag{A-12(b)}$$

$$I_{yz} = I_{y_C z_C} + abA \tag{A-12(c)}$$

式(A-12)称为惯性矩和惯性积的**平行移轴公式**。应用平行移轴公式,可以使较复杂的组合图形惯性矩和惯性积的计算得以简化。

例 A-4 试计算例 A-1 的 T 形截面对其形心轴 z_C 的惯性矩 I_{z_C}。

解 由式(A-12)分别算出矩形 1 和 2 对 z_C 轴的惯性矩,得

$$I_{z_C}^{(1)} = I_{z_{C1}} + a_1^2 A_1 = \frac{1}{12}b_1 h_1^3 + a_1^2 A_1$$

$$= \frac{1}{12} \times 0.02 \text{ m} \times (0.14 \text{ m})^3 + (0.07 \text{ m} - 0.036\ 7 \text{ m})^2 \times 0.02 \text{ m} \times 0.14 \text{ m}$$

$$= 7.69 \times 10^{-6} \text{ m}^4$$

$$I_{z_C}^{(2)} = I_{z_{C2}} + a_2^2 A_2 = \frac{1}{12}b_2 h_2^3 + a_2^2 A_2$$

$$= \frac{1}{12} \times 0.1 \text{ m} \times (0.02 \text{ m})^3 + (0.046\ 7 \text{ m})^2 \times 0.1 \text{ m} \times 0.02 \text{ m}$$

$$= 4.43 \times 10^{-6} \text{ m}^4$$

整个图形对 z_C 轴的惯性矩为

$$I_{z_C} = I_{z_C}^{(1)} + I_{z_C}^{(2)} = 7.69 \times 10^{-6} \text{ m}^4 + 4.43 \times 10^{-6} \text{ m}^4 = 12.12 \times 10^{-6} \text{ m}^4$$

例 A-5 试计算图 A-8 所示图形对其形心轴的惯性矩。

解 此图形为矩形截面挖去一圆形,计算时可把圆形看成"负"的面积。

设 C 点为图形的形心,选 y、z 轴为参考坐标轴。由于 y 轴为图形的对称轴,所以 $z_C = 0$。

z_{C1} 轴、z_{C2} 轴分别过矩形和圆形形心,且与 z 轴平行,由式(A-5)得

$$y_C = \frac{A_1 y_{C1} - A_2 y_{C2}}{A_1 - A_2}$$

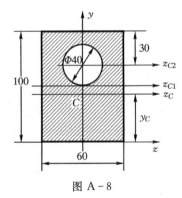

图 A-8

$$= \frac{100 \text{ mm} \times 60 \text{ mm} \times 50 \text{ mm} - \frac{\pi}{4} \times 40^2 \text{ mm}^2 \times (50 \text{ mm} + 20 \text{ mm})}{100 \text{ mm} \times 60 \text{ mm} - \frac{\pi}{4} \times 40^2 \text{ mm}^2}$$

$$= 44.7 \text{ mm}$$

利用矩形截面和圆形截面对各自形心轴惯性矩的计算式及平行移轴公式得

$$I_{y_C} = I_{y_{C1}} - I_{y_{C2}} = \frac{100 \text{ mm} \times 60^3 \text{ mm}^3}{12} - \frac{\pi}{64} \times 40^4 \text{ mm}^4 = 1.67 \times 10^6 \text{ mm}^4$$

$$I_{z_C} = \left[I_{z_{C1}} + (50 - y_C)^2 A_1\right] - \left[I_{z_{C2}} + \left(50 - y_C + \frac{d}{2}\right)^2 A_2\right]$$

$$= \left[\frac{60 \text{ mm} \times 100^3 \text{ mm}^3}{12} + (50 \text{ mm} - 44.7 \text{ mm})^2 \times 100 \text{ mm} \times 60 \text{ mm}\right] -$$

$$\left[\frac{\pi}{64}\times 40^4 \text{ mm}^4 + (50 \text{ mm} - 44.7 \text{ mm} + 20 \text{ mm})^2 \times \frac{\pi}{4}\times 40^2 \text{ mm}^2\right]$$
$$=4.24\times 10^6 \text{ mm}^4$$

讨论 上述计算方法称为**负面积法**，是工程中计算截面图形几何性质常用的方法。

复习思考题

A-1 何谓静矩？其量纲是什么？

A-2 静矩和形心有何关系？如何确定截面形心的位置？

A-3 如何定义截面图形的惯性矩、极惯性矩、惯性积和惯性半径？其量纲是什么？

A-4 如何计算矩形与圆形对其形心轴的惯性矩？

A-5 试述惯性矩的平行移轴公式。

习 题

A-1 试计算图示半圆形截面的形心位置。已知直径为 D。

A-2 试求由 20b 工字钢与 14b 槽钢焊接在一起所形成组合截面的形心坐标 y_C 及 z_C。

A-3 试求图示正方形对 z 轴和 y 轴的惯性矩。

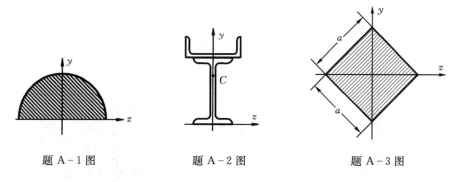

题 A-1 图　　　题 A-2 图　　　题 A-3 图

A-4 图示三角形截面，z 轴与底边重合，且与 z_1 轴平行，若 $I_z = \dfrac{bh^3}{12}$，试求三角形截面对 z_1 轴的惯性矩 I_{z1}。

A-5 图示空心水泥板的截面图形，试求图形对形心轴 z 的惯性矩。

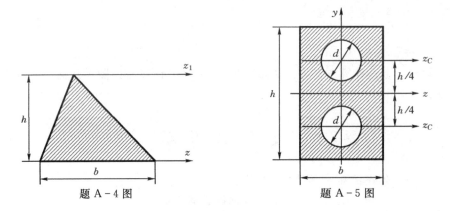

题 A-4 图　　　　　　　　题 A-5 图

A-6　试求图示工字形截面的形心坐标 y_C、惯性矩 I_z 和惯性积 I_{yz}。C 为形心。

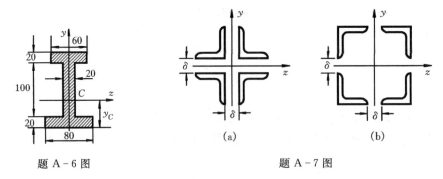

题 A-6 图　　　　　　　　题 A-7 图

A-7　四块 $100\times100\times10$ 的等边角钢组成图(a)及图(b)两种形状，$\delta=12$ mm，试分别计算两种组合截面对水平形心轴 z 的惯性矩。

A-8　求图示两个 10 槽钢组成的组合图形的惯性矩 I_z 和 I_y。

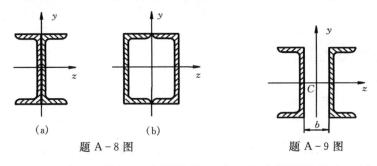

题 A-8 图　　　　　　　　题 A-9 图

A-9　图示两个 20a 槽钢组成的图形，C 点为组合图形的形心。试求 b 为多少时，图形对两个形心轴的惯性矩相等。

附录 B 简单载荷下梁的变形

序号	支承及载荷情况	挠曲线方程	梁端转角和最大挠度
1		当 $0 \leqslant x \leqslant l/2$：$$w = \frac{-Fx}{12EI}\left(\frac{3l^2}{4} - x^2\right)$$	$$\theta_1 = -\theta_2 = \frac{-Fl^2}{16EI}$$ $$w_{\max} = \frac{-Fl^3}{48EI}$$
2		当 $0 \leqslant x \leqslant a$：$$w = \frac{-Fbx}{6lEI}(l^2 - x^2 - b^2)$$ 当 $a \leqslant x \leqslant l$：$$w = \frac{-Fb}{6lEI}\left[(l^2-b^2)x - x^3 + \frac{l}{b}(x-a)^3\right]$$	$$\theta_1 = \frac{-Fab(l+b)}{6lEI}, \theta_2 = \frac{Fab(l+a)}{6lEI}$$ 若 $a > b$，在 $x = \sqrt{\frac{l^2-b^2}{3}}$ 处 $$w_{\max} = \frac{-\sqrt{3}Fb}{27lEI}(l^2-b^2)^{3/2}$$ $x = \frac{l}{2}$ 处；$w_{l/2} = \frac{-Fb}{48EI}(3l^2 - 4b^2)$
3		$$w = \frac{-qx}{24EI}(l^3 - 2lx^2 + x^3)$$	$$\theta_1 = -\theta_2 = \frac{-ql^3}{24EI}$$ $$w_{\max} = \frac{-5ql^4}{384EI}$$
4		$$w = -\frac{M_0 lx}{6EI}\left(1 - \frac{x^2}{l^2}\right)$$	$$\theta_1 = \frac{-M_0 l}{6EI}, \theta_2 = \frac{M_0 l}{3EI}$$ $x = \frac{l}{\sqrt{3}}$ 处；$w_{\max} = \frac{-M_0 l^2}{9\sqrt{3}EI}$ $x = \frac{l}{2}$ 处；$w_{l/2} = \frac{-M_0 l^2}{16EI}$

序号	支承及载荷情况	挠曲线方程	梁端转角和最大挠度
5	简支梁，距左端 a、距右端 b 处作用力偶 M_0	当 $0\leqslant x\leqslant a$: $w=\dfrac{M_0}{6lEI}[x^3-x(l^2-3b^2)]$ 当 $a\leqslant x\leqslant l$: $w=\dfrac{M_0}{6lEI}[x^3-3l(x-a)^2-x(l^2-3b^2)]$	$\theta_1=-\dfrac{M_0}{6lEI}(l^2-3b^2)$ $\theta_2=\dfrac{M_0}{6lEI}(l^2-3a^2)$ $x=\sqrt{\dfrac{l^2-3b^2}{3}}$ 处: $w_{\max}=\dfrac{M_0}{9\sqrt{3}EI}[l^2-3b^2]^{3/2}$ $x=\sqrt{\dfrac{l^2-3a^2}{3}}$ 处: $w_{\max}=-\dfrac{M_0}{9\sqrt{3}EI}[l^2-3a^2]^{3/2}$
6	悬臂梁，自由端受集中力 F	$w=-\dfrac{Fx^2}{6EI}(3l-x)$	$\theta=-\dfrac{Fl^2}{2EI}$ $w_{\max}=-\dfrac{Fl^3}{3EI}$
7	悬臂梁，距固定端 c 处受集中力 F	当 $0\leqslant x\leqslant c$: $w=-\dfrac{Fx^2}{6EI}(3c-x)$ 当 $c\leqslant x\leqslant l$: $w=-\dfrac{Fc^2}{6EI}(3x-c)$	$\theta=-\dfrac{Fc^2}{2EI}$ $w_{\max}=-\dfrac{Fc^2}{6EI}(3l-c)$
8	悬臂梁，受均布载荷 q	$w=-\dfrac{qx^2}{24EI}(x^2+6l^2-4lx)$	$\theta=-\dfrac{ql^3}{6EI}$ $w_{\max}=-\dfrac{ql^4}{8EI}$

续表

序号	支承及载荷情况	挠曲线方程	梁端转角和最大挠度
9	(悬臂梁，自由端受力矩 M_0)	$w = -\dfrac{M_0 x^2}{2EI}$	$\theta = -\dfrac{M_0 l}{EI}$ $w_{\max} = -\dfrac{M_0 l^2}{2EI}$
10	(简支梁AB，外伸段BC长c，端部C受力F)	当 $0 \leqslant x \leqslant l$： $w = -\dfrac{Fcx}{6lEI}(l^2 - x^2)$ 当 $l \leqslant x \leqslant l+c$： $w = \dfrac{F(x-l)}{6EI}[c(3x-l) - (x-l)^2]$	$\theta_A = \dfrac{-Fcl}{6EI},\ \theta_B = \dfrac{Fcl}{3EI}$ $\theta_C = \dfrac{Fc}{6EI}(2l + 3c)$ $x = \dfrac{l}{\sqrt{3}}$处：$w_{\max} = -\dfrac{Fcl^2}{9\sqrt{3}EI}$ $w_D = -\dfrac{Fcl^2}{16EI}$ $w_C = \dfrac{Fc^2}{3EI}(l + c)$
11	(简支梁AB，外伸段BC长c，端部C受力偶 M_0)	当 $0 \leqslant x \leqslant l$： $w = \dfrac{M_0 x}{6lEI}(l^2 - x^2)$ 当 $l \leqslant x \leqslant l+c$： $w = \dfrac{M_0}{6EI}(l^2 - 4lx + 3x^2)$	$\theta_A = \dfrac{-M_0 l}{6EI},\ \theta_B = \dfrac{M_0 l}{3EI}$ $\theta_C = \dfrac{M_0}{3EI}(l + c)$ $x = \dfrac{l}{\sqrt{3}}$处：$w_{\max} = -\dfrac{M_0 l^2}{9\sqrt{3}EI}$ $w_D = -\dfrac{M_0 l^2}{16EI}$ $w_C = \dfrac{M_0 c}{6EI}(2l + 3c)$

附录 C 型钢表

表 1 热轧等边角钢（GB700—79）

符号意义：b——边宽； d——边厚； r——内圆弧半径； r_1——边端内弧半径； r_2——边端外弧半径； r_0——顶端圆弧半径； I——惯性矩； i——惯性半径； W——弯曲截面系数； z_0——重心距离。

角钢号数	尺寸/mm			截面面积/cm²	理论重量 ×9.81 /N·m⁻¹	外表面积 /m²·m⁻¹	参 考 数 值											
							$x-x$			x_0-x_0			y_0-y_0			x_1-x_1		z_0 /cm
	b	d	r				I_x /cm⁴	i_x /cm	W_x /cm³	I_{x_0} /cm⁴	i_{x_0} /cm	W_{x_0} /cm³	I_{y_0} /cm⁴	i_{y_0} /cm	W_{y_0} /cm³	I_{x1} /cm⁴	
2	20	3	3.5	1.132	0.889	0.078	0.40	0.59	0.29	0.63	0.75	0.45	0.17	0.39	0.20	0.81	0.60
		4		1.459	1.145	0.077	0.50	0.58	0.36	0.78	0.73	0.55	0.22	0.38	0.24	1.09	0.64
2.5	25	3		1.432	1.124	0.098	0.82	0.76	0.46	1.29	0.95	0.73	0.34	0.49	0.33	1.57	0.73
		4		1.859	1.459	0.097	1.03	0.74	0.59	1.62	0.93	0.92	0.43	0.48	0.40	2.11	0.76
3.0	30	3		1.749	1.373	0.117	1.46	0.91	0.68	2.31	1.15	1.09	0.61	0.59	0.51	2.71	0.85
		4		2.276	1.786	0.117	1.84	0.90	0.87	2.92	1.13	1.37	0.77	0.58	0.62	3.63	0.89
3.6	36	3	4.5	2.109	1.656	0.141	2.58	1.11	0.99	4.09	1.39	1.61	1.07	0.71	0.76	4.68	1.00
		4		2.756	2.163	0.141	3.29	1.09	1.28	5.22	1.38	2.05	1.37	0.70	0.93	6.25	1.04
		5		3.382	2.654	0.141	3.95	1.08	1.56	6.24	1.36	2.45	1.65	0.70	1.09	7.84	1.07

附录C 型钢表

续表1

角钢号数	尺寸/mm b	尺寸/mm d	尺寸/mm r	截面面积/cm²	理论重量 ×9.81 /N·m⁻¹	外表面积/m²·m⁻¹	$x-x$ I_x/cm⁴	$x-x$ i_x/cm	$x-x$ W_x/cm³	x_0-x_0 I_{x_0}/cm⁴	x_0-x_0 i_{x_0}/cm	x_0-x_0 W_{x_0}/cm³	y_0-y_0 I_{y_0}/cm⁴	y_0-y_0 i_{y_0}/cm	y_0-y_0 W_{y_0}/cm³	x_1-x_1 I_{x_1}/cm⁴	z_0/cm
4.0	40	3	5	2.359	1.852	0.157	3.59	1.23	1.23	5.69	1.55	2.01	1.49	0.79	0.96	6.41	1.09
		4		3.086	2.422	0.157	4.60	1.22	1.60	7.29	1.54	2.58	1.91	0.79	1.19	8.56	1.13
		5		3.791	2.976	0.156	5.53	1.21	1.96	8.76	1.52	3.10	2.30	0.78	1.39	10.74	1.17
4.5	45	3	5	2.659	2.088	0.177	5.17	1.40	1.58	8.20	1.76	2.58	2.14	0.90	1.24	9.12	1.22
		4		3.486	2.736	0.177	6.65	1.38	2.05	10.56	1.74	3.32	2.75	0.89	1.54	12.18	1.26
		5		4.292	3.369	0.176	8.04	1.37	2.51	12.74	1.72	4.00	3.33	0.88	1.81	15.25	1.30
		6		5.076	3.985	0.176	9.33	1.36	2.95	14.76	1.70	4.64	3.89	0.88	2.06	18.36	1.33
5	50	3	5.5	2.971	2.332	0.197	7.18	1.55	1.96	11.37	1.96	3.22	2.98	1.00	1.57	12.50	1.34
		4		3.897	3.059	0.197	9.26	1.54	2.56	14.70	1.94	4.16	3.82	0.99	1.96	16.69	1.38
		5		4.803	3.770	0.196	11.21	1.53	3.13	17.79	1.92	5.03	4.64	0.98	2.31	20.90	1.42
		6		5.688	4.465	0.196	13.05	1.52	3.68	20.68	1.91	5.85	5.42	0.98	2.63	25.14	1.46
5.6	56	3	6	3.343	2.624	0.221	10.19	1.75	2.48	16.14	2.20	4.08	4.24	1.13	2.02	17.56	1.48
		4		4.390	3.446	0.220	13.18	1.73	3.24	20.92	2.18	5.28	5.46	1.11	2.52	23.43	1.53
		5		5.415	4.251	0.220	16.02	1.72	3.97	25.42	2.17	6.42	6.61	1.10	2.98	29.33	1.57
		8		8.367	6.568	0.219	23.63	1.68	6.03	37.37	2.11	9.44	9.89	1.09	4.16	47.24	1.68
6.3	63	4	7	4.978	3.907	0.248	19.03	1.96	4.13	30.17	2.46	6.78	7.89	1.26	3.29	33.35	1.70
		5		6.143	4.822	0.248	23.17	1.94	5.08	36.77	2.45	8.25	9.57	1.25	3.90	41.73	1.74
		6		7.288	5.721	0.247	27.12	1.93	6.00	43.03	2.43	9.66	11.20	1.24	4.46	50.14	1.78
		8		9.515	7.469	0.247	34.46	1.90	7.75	54.56	2.40	12.25	14.33	1.23	5.47	67.11	1.85
		10		11.657	9.151	0.246	41.09	1.88	9.39	64.85	2.36	14.56	17.33	1.22	6.36	84.31	1.93

续表 1

角钢号数	尺寸/mm b	d	r	截面面积 /cm²	理论重量 $\times 9.81$ /N·m⁻¹	外表面积 /m²·m⁻¹	参 考 数 值									
							$x-x$			x_0-x_0			y_0-y_0			x_1-x_1	z_0
							I_x /cm⁴	i_x /cm	W_x /cm³	I_{x_0} /cm⁴	i_{x_0} /cm	W_{x_0} /cm³	I_{y_0} /cm⁴	i_{y_0} /cm	W_{y_0} /cm³	I_{x1} /cm⁴	/cm
7	70	4	8	5.570	4.372	0.275	26.39	2.18	5.14	41.80	2.74	8.44	10.99	1.40	4.17	45.74	1.86
		5		6.875	5.397	0.275	32.21	2.16	6.32	51.08	2.73	10.32	13.34	1.39	4.95	57.21	1.91
		6		8.160	6.406	0.275	37.77	2.15	7.48	59.93	2.71	12.11	15.61	1.38	5.67	68.73	1.95
		7		9.424	7.398	0.275	43.09	2.14	8.59	68.35	2.69	13.81	17.82	1.38	6.34	80.29	1.99
		8		10.667	8.373	0.274	48.17	2.12	9.68	76.37	2.68	15.43	19.98	1.37	6.98	91.92	2.03
(7.5)	75	5	9	7.367	5.818	0.295	39.97	2.33	7.32	63.30	2.92	11.94	16.63	1.50	5.77	70.56	2.04
		6		8.797	6.905	0.294	46.95	2.31	8.64	74.38	2.90	14.02	19.51	1.49	6.67	84.55	2.07
		7		10.160	7.975	0.294	53.57	2.30	9.93	84.96	2.89	16.02	22.18	1.48	7.44	98.71	2.11
		8		11.503	9.030	0.294	59.96	2.28	11.20	95.07	2.88	17.93	24.86	1.47	8.19	112.97	2.15
		10		14.126	11.089	0.293	71.98	2.26	13.64	113.92	2.84	21.48	30.05	1.46	9.56	141.71	2.22
8	80	5	9	7.912	6.211	0.315	48.79	2.48	8.34	77.33	3.13	13.67	20.25	1.60	6.66	85.36	2.15
		6		9.397	7.376	0.314	57.35	2.47	9.87	90.98	3.11	16.08	23.72	1.59	7.65	102.50	2.19
		7		10.860	8.525	0.314	65.58	2.46	11.37	104.07	3.10	18.40	27.09	1.58	8.58	119.70	2.23
		8		12.303	9.658	0.314	73.49	2.44	12.83	116.60	3.08	20.61	30.39	1.57	9.46	136.97	2.27
		10		15.126	11.874	0.313	88.43	2.42	15.64	140.09	3.04	24.76	36.77	1.56	11.08	171.74	2.35
9	90	6	10	10.637	8.350	0.354	82.77	2.79	12.61	131.26	3.51	20.63	34.28	1.80	9.95	145.87	2.44
		7		2.301	9.656	0.354	94.83	2.78	14.54	150.47	3.50	23.64	39.18	1.78	11.19	170.30	2.48
		8		13.944	10.946	0.353	106.47	2.76	16.42	168.97	3.48	26.55	43.97	1.78	12.35	194.80	2.52
		10		17.167	13.476	0.353	128.58	2.74	20.07	203.90	3.45	32.04	53.26	1.76	14.52	244.07	2.59
		12		20.306	15.940	0.352	149.22	2.71	23.57	236.21	3.41	37.12	62.22	1.75	16.49	293.76	2.67

续表 1

角钢号数	尺寸/mm				截面面积/cm^2	理论重量 ×9.81 /$N \cdot m^{-1}$	外表面积 /$m^2 \cdot m^{-1}$	参 考 数 值										
	b	d		r				$x-x$			x_0-x_0			y_0-y_0			x_1-x_1	z_0 /cm
								I_x /cm^4	i_x /cm	W_x /cm^3	I_{x_0} /cm^4	i_{x_0} /cm	W_{x_0} /cm^3	I_{y_0} /cm^4	i_{y_0} /cm	W_{y_0} /cm^3	I_{x_1} /cm^4	
10	100	6		12	11.932	9.366	0.393	114.95	3.10	15.68	181.98	3.90	25.74	47.92	2.00	12.69	200.07	2.67
		7			13.796	10.830	0.393	131.86	3.09	18.10	208.97	3.89	29.55	54.74	1.99	14.26	233.54	2.71
		8			15.638	12.276	0.393	148.24	3.08	20.47	235.07	3.88	33.24	61.41	1.98	15.75	267.09	2.76
		10			19.261	15.120	0.392	179.51	3.05	25.06	284.68	3.84	40.26	74.35	1.96	18.54	334.48	2.84
		12			22.800	17.898	0.391	208.90	3.03	29.48	330.95	3.81	46.80	86.84	1.95	21.08	402.34	2.91
		14			26.256	20.611	0.391	236.53	3.00	33.73	374.06	3.77	52.90	99.00	1.94	23.44	470.75	2.99
		16			29.627	23.257	0.390	262.53	2.98	37.82	414.16	3.74	58.57	110.89	1.94	25.63	539.80	3.06
11	110	7		12	15.196	11.928	0.433	177.16	3.41	22.05	280.94	4.30	36.12	73.38	2.20	17.51	310.64	2.96
		8			17.238	13.532	0.433	199.46	3.40	24.95	316.49	4.28	40.69	82.42	2.19	19.39	355.20	3.01
		10			21.261	16.690	0.432	242.19	3.38	30.60	384.39	4.25	49.42	99.98	2.17	22.91	444.65	3.09
		12			25.200	19.782	0.431	282.55	3.35	36.05	448.17	4.22	57.62	116.93	2.15	26.15	534.60	3.16
		14			29.056	22.809	0.431	320.71	3.32	41.31	508.01	4.18	65.31	133.40	2.14	29.14	625.16	3.24
12.5	125	8		14	19.750	15.504	0.492	297.03	3.88	32.52	470.89	4.88	53.28	123.16	2.50	25.86	521.01	3.37
		10			24.373	19.133	0.491	361.67	3.85	39.97	573.89	4.85	64.93	149.46	2.48	30.62	651.93	3.45
		12			28.912	22.696	0.491	423.16	3.83	41.17	671.44	4.82	75.96	174.88	2.46	35.08	783.42	3.53
		14			33.373	26.193	0.490	481.65	3.80	54.16	763.73	4.78	86.41	199.57	2.45	39.13	915.61	3.61
14	140	10		14	27.373	21.488	0.551	514.65	4.34	50.58	817.27	5.46	82.56	212.04	2.78	39.20	915.11	3.82
		12			32.512	25.522	0.551	603.63	4.31	59.80	958.79	5.43	96.85	248.57	2.76	45.02	1 099.28	3.90
		14			37.567	29.490	0.550	688.81	4.28	68.75	1 093.56	5.40	110.47	284.06	2.75	50.45	1 284.22	3.98
		16			42.539	33.393	0.549	770.24	4.26	77.46	1 221.18	5.36	123.42	318.67	2.74	55.55	1 470.07	4.06

续表 1

角钢号数	尺寸/mm				截面面积/cm²	理论重量 ×9.81 /N·m⁻¹	外表面积/m²·m⁻¹	x-x			x_0-x_0			y_0-y_0			x_1-x_1	z_0/cm
	b	d	r					I_x/cm⁴	i_x/cm	W_x/cm³	I_{x_0}/cm⁴	i_{x_0}/cm	W_{x_0}/cm³	I_{y_0}/cm⁴	i_{y_0}/cm	W_{y_0}/cm³	I_{x_1}/cm⁴	
16	160	10			31.502	24.729	0.630	779.53	4.98	66.70	1 237.30	6.27	109.36	321.76	3.20	52.76	1 365.33	4.31
		12			37.441	29.391	0.630	916.58	4.95	78.98	1 455.68	6.24	128.67	377.49	3.18	60.74	1 639.57	4.39
		14		16	43.296	33.987	0.629	1 048.36	4.92	90.95	1 665.02	6.20	147.17	431.70	3.16	68.24	1 914.68	4.47
		16			49.067	38.518	0.629	1 175.08	4.89	102.63	1 865.57	6.17	164.89	484.59	3.14	75.31	2 190.82	4.55
18	180	12			42.241	33.159	0.710	1 321.35	5.59	100.82	2 100.10	7.05	165.00	542.61	3.58	78.41	2 332.80	4.89
		14			48.896	38.383	0.709	1 514.48	5.56	116.25	2 407.42	7.02	189.14	621.53	3.56	88.38	2 723.48	4.97
		16			55.467	43.542	0.709	1 700.99	5.54	131.13	2 703.37	6.98	212.40	698.60	3.55	97.83	3 115.29	5.05
		18			61.955	48.634	0.708	1 875.12	5.50	145.64	2 988.24	6.94	234.78	762.01	3.51	105.14	3 502.43	5.13
20	200	14	18		54.642	42.894	0.788	2 103.55	6.20	144.70	3 343.26	7.82	236.40	863.83	3.98	111.82	3 734.10	5.46
		16			62.013	48.680	0.788	2 366.15	6.18	163.65	3 760.89	7.79	265.93	971.41	3.96	123.96	4 270.39	5.54
		18			69.301	54.401	0.787	2 620.64	6.15	182.22	4 164.54	7.75	294.48	1 076.74	3.94	135.52	4 808.13	5.62
		20			76.505	60.056	0.787	2 867.30	6.12	200.42	4 554.55	7.72	322.06	1 180.04	3.93	146.55	5 347.51	5.69
		24			90.661	71.168	0.785	2 338.25	6.07	236.17	5 294.97	7.64	374.41	1 381.53	3.90	166.55	6 457.16	5.87

注:1) $r_1 = \frac{1}{3}d$, $r_2 = 0$, $r_0 = 0$。

2) 角钢长度: 钢号:2~4号 4.5~8号 9~14号 16~20号
             长度:3~9m   4~12m   4~19m   6~19m

3) 一般采用材料:Q215,Q235,Q275,Q235-F。

附录C 型钢表   207

表 2 热轧普通工字钢(GB706—65)

符号意义：
h —— 高度；
b —— 腿宽；
d —— 腰厚；
t —— 平均腿厚；
r —— 内圆弧半径；
r_1 —— 腿端圆弧半径；
I —— 惯性矩；
W —— 弯曲截面系数；
i —— 惯性半径；
S —— 半截面的静矩。

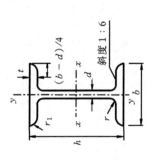

型号	尺寸/mm						截面面积 /cm²	理论重量 ×9.81 /N·m⁻¹	参 考 数 值							
									$x-x$					$y-y$		
	h	b	d	t	r	r_1			I_x /cm⁴	W_x /cm³	i_x /cm	$I_x:S_x$ /cm	I_y /cm⁴	W_y /cm³	i_y /cm
10	100	68	4.5	7.6	6.5	3.3	14.3	11.2	245.00	49.00	4.14	8.59	33.000	9.720	1.520
12.6	126	74	5.0	8.4	7.0	3.5	18.1	14.2	488.43	77.529	5.195	10.85	46.906	12.677	1.609
14	140	80	5.5	9.1	7.5	3.8	21.5	16.9	712.00	102.00	5.76	12.00	64.400	16.100	1.730
16	160	88	6.0	9.9	8.0	4.0	26.1	20.5	1 130.00	141.00	6.58	13.80	93.100	21.200	1.890
18	180	94	6.5	10.7	8.5	4.3	30.6	24.1	1 660.00	185.00	7.36	15.40	122.000	26.000	2.000
20a	200	100	7.0	11.4	9.0	4.5	35.5	27.9	2 370.00	237.00	8.15	17.20	158.000	31.500	2.120
20b	200	102	9.0	11.4	9.0	4.5	39.5	31.1	2 500.00	250.00	7.96	16.90	169.000	33.100	2.060
22a	220	110	7.5	12.3	9.5	4.8	42.00	33.0	3 400.00	309.00	8.99	18.90	225.000	40.900	2.310
22b	220	112	9.5	12.3	9.5	4.8	46.40	36.4	3 570.00	325.00	8.78	18.70	239.000	42.700	2.270
25a	250	116	8.0	13.0	10.0	5.0	48.50	38.1	5 023.54	401.88	10.18	21.58	280.046	48.283	2.403
25b	250	118	10.0	13.0	10.0	5.0	53.50	42.0	5 283.96	422.72	9.938	21.27	309.297	52.423	2.404
28a	280	122	8.5	13.7	10.5	5.3	55.45	43.4	7 114.14	508.15	11.32	24.62	345.051	56.565	2.495
28b	280	124	10.5	13.7	10.5	5.3	61.05	47.9	7 480.00	534.29	11.08	24.24	379.496	61.209	2.493

续表 2

型号	尺寸/mm						截面面积/cm²	理论重量 ×9.81 /N·m⁻¹	参 考 数 值						
									$x-x$				$y-y$		
	h	b	d	t	r	r_1			I_x /cm⁴	W_x /cm³	i_x /cm	$I_x:S_x$ /cm	I_y /cm⁴	W_y /cm³	i_y /cm
32a	320	130	9.5	15.0	11.5	5.8	67.05	52.7	11 075.50	692.20	12.84	27.46	459.930	70.758	2.619
32b	320	132	11.5	15.0	11.5	5.8	73.45	57.7	11 621.40	726.33	12.58	27.09	501.530	75.989	2.614
32c	320	134	13.5	15.0	11.5	5.8	79.95	62.8	12 167.50	760.47	12.34	26.77	543.810	81.166	2.608
36a	360	136	10.0	15.8	12.0	6.0	76.30	59.9	15 760.00	875.00	14.40	30.70	552.000	81.200	2.690
36b	360	138	12.0	15.8	12.0	6.0	83.50	65.6	16 530.00	919.00	14.10	30.30	582.000	84.300	2.640
36c	360	140	14.0	15.8	12.0	6.0	90.70	71.2	17 310.00	962.00	13.80	29.90	612.000	87.400	2.600
40a	400	142	10.5	16.5	12.5	6.3	86.10	67.6	21 720.00	1 090.00	15.90	34.10	660.000	93.200	2.770
40b	400	144	12.5	16.5	12.5	6.3	94.10	73.8	22 780.00	1 140.00	15.60	33.60	692.000	96.200	2.710
40c	400	146	14.5	16.5	12.5	6.3	102.00	80.0	23 850.00	1 190.00	15.20	33.20	727.000	99.600	2.650
45a	450	150	11.5	18.0	13.5	6.8	102.00	80.4	32 240.00	1 430.00	17.70	38.60	855.000	114.00	2.890
45b	450	152	13.5	18.0	13.5	6.8	111.00	87.4	33 760.00	1 500.00	17.40	38.00	894.000	118.00	2.840
45c	450	154	15.5	18.0	13.5	6.8	120.00	94.5	35 280.00	1 570.00	17.10	37.60	938.000	122.00	2.790
50a	500	158	12.0	20.0	14.0	7.0	119.00	93.6	46 470.00	1 860.00	19.70	42.80	1 120.00	142.00	3.070
50b	500	160	14.0	20.0	14.0	7.0	129.00	101.0	48 560.00	1 940.00	19.40	42.40	1 170.00	146.00	3.010
50c	500	162	16.0	20.0	14.0	7.0	139.00	109.0	50 640.00	2 080.00	19.00	41.80	1 220.00	151.00	2.960
56a	560	166	12.5	21.0	14.5	7.3	135.25	106.2	65 585.6	2 342.31	22.02	47.73	1 370.16	165.08	3.132
56b	560	168	14.5	21.0	14.5	7.3	146.45	115.0	60 512.5	2 446.69	21.63	47.17	1 486.75	174.25	3.162
56c	560	170	16.5	21.0	14.5	7.3	157.85	123.9	71 439.4	2 551.41	21.27	46.66	1 558.30	183.34	3.158
63a	630	176	13.0	22.0	15.0	7.5	154.90	121.6	93 916.2	2 981.47	24.62	54.17	1 700.55	193.24	3.314
63b	630	178	15.0	22.0	15.0	7.5	167.50	131.5	98 083.6	3 163.98	24.20	53.51	1 812.07	203.60	3.289
63c	630	180	17.0	22.0	15.0	7.5	180.10	141.0	102 252.1	3 298.42	23.82	52.92	1 924.91	213.88	3.268

注:1) 工字钢长度:10~18号,长 5~19m;20~63号,长 6~19m。 2) 一般采用材料:Q215、Q235、Q275、Q235-F。

附录C 型钢表

表3 热轧普通槽钢(GB707—65)

符号意义:
- h——高度;
- b——腿宽;
- d——腰厚;
- t——平均腿厚;
- r——内圆弧半径;
- r_1——腿端圆弧半径;
- I——惯性矩;
- W——弯曲截面系数;
- i——惯性半径;
- z_0——$y-y$轴与y_0-y_0轴间距。

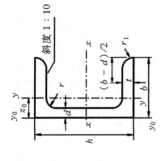

斜度 1:10

型号	尺寸/mm						截面面积 /cm²	理论重量 ×9.81 /N·m⁻¹	参考数值							
									$x-x$			$y-y$			y_0-y_0	z_0 /cm
	h	b	d	t	r	r_1			W_x /cm³	I_x /cm⁴	i_x /cm	W_y /cm³	I_y /cm⁴	i_y /cm	I_{y_0} /cm⁴	
5	50	37	4.5	7.0	7.0	3.50	6.93	5.44	10.400	26.000	1.940	3.550	8.300	1.100	20.900	1.350
6.3	63	40	4.8	7.5	7.5	3.75	8.444	6.63	16.123	50.786	2.453		11.872	1.185	28.380	1.360
8	80	43	5.0	8.0	8.0	4.00	10.24	8.04	25.300	101.300	3.150	5.790	16.600	1.270	37.400	1.430
10	100	48	5.3	8.5	8.5	4.25	12.74	10.00	39.700	198.300	3.950	7.800	25.600	1.410	54.900	1.520
12.6	126	53	5.5	9.0	9.0	4.50	15.69	12.37	62.137	391.466	4.953	10.242	37.990	1.567	77.090	1.590
14a	140	58	6.0	9.5	9.5	4.75	18.51	14.53	80.500	563.700	5.520	13.010	53.200	1.700	107.100	1.710
14b	140	60	8.0	9.5	9.5	4.75	21.31	16.73	87.100	609.400	5.350	14.120	61.100	1.690	120.600	1.670
16a	160	63	6.5	10.0	10.0	5.00	21.95	17.23	108.300	866.200	6.280	16.300	73.300	1.830	144.100	1.800
16	160	65	8.5	10.0	10.0	5.00	25.15	19.74	116.800	934.500	6.100	17.550	83.400	1.820	160.800	1.750
18a	180	68	7.0	10.5	10.5	5.25	25.69	20.17	141.400	1 272.70	7.040	20.030	98.600	1.960	189.700	1.880
18	180	70	9.0	10.5	10.5	5.25	29.29	22.99	152.200	1 369.90	6.840	21.520	111.000	1.950	210.100	1.840

续表 3

型号	尺寸/mm						截面面积/cm²	理论重量 ×9.81 /N·m⁻¹	参考数值 $x-x$			参考数值 $y-y$			参考数值 y_0-y_0	z_0/cm
	h	b	d	t	r	r_1			W_x/cm³	I_x/cm⁴	i_x/cm	W_y/cm³	I_y/cm⁴	i_y/cm	I_{y0}/cm⁴	
20a	200	73	7.0	11.0	11.0	5.50	28.83	22.63	178.000	1 780.40	7.860	24.200	128.000	2.110	244.000	2.010
20	200	75	9.0	11.0	11.0	5.50	32.83	25.77	191.400	1 913.70	7.640	25.880	143.600	2.090	268.400	1.950
22a	220	77	7.0	11.5	11.5	5.75	31.84	24.99	217.600	2 393.90	8.670	28.170	157.800	2.230	298.200	2.100
22	220	79	9.0	11.5	11.5	5.75	36.24	28.45	233.800	2 571.40	8.420	30.050	176.400	2.210	326.300	2.030
25a	250	78	7.0	12.0	12.0	6.00	34.91	27.47	269.597	3 369.62	9.823	30.607	175.529	2.243	322.256	1.065
25b	250	80	9.0	12.0	12.0	6.00	39.91	31.39	282.402	3 530.04	9.405	32.657	196.421	2.218	353.187	1.982
25c	250	82	11.0	12.0	12.0	6.00	44.91	35.32	295.236	3 690.45	9.065	35.926	218.415	2.206	384.133	1.921
28a	280	82	7.5	12.5	12.5	6.25	40.02	31.42	340.328	4 764.59	10.91	35.718	217.989	2.333	387.566	2.097
28b	280	84	9.5	12.5	12.5	6.25	45.62	35.81	366.460	5 130.45	10.60	37.929	242.144	2.304	427.589	2.016
28c	280	86	11.5	12.5	12.5	6.25	51.22	40.21	392.594	5 496.32	10.35	40.301	267.602	2.286	462.597	1.951
32a	320	88	8.0	14.0	14.0	7.00	48.70	38.22	474.879	7 598.06	12.49	46.473	304.787	2.502	552.310	2.242
32b	320	90	10.0	14.0	14.0	7.00	55.10	43.25	509.012	8 144.20	12.15	49.157	336.332	2.471	592.933	2.158
32c	320	92	12.0	14.0	14.0	7.00	61.50	48.28	543.145	8 690.33	11.88	52.642	374.175	2.467	643.299	2.092
36a	360	96	9.0	16.0	16.0	8.00	60.89	47.80	659.700	11 874.2	13.97	63.540	455.000	2.730	818.400	2.440
36b	360	98	11.0	16.0	16.0	8.00	68.09	53.45	702.900	12 651.8	13.63	66.850	496.700	2.700	880.400	2.370
36c	360	100	13.0	16.0	16.0	8.00	75.29	59.10	746.100	13 429.4	13.36	70.020	536.400	2.670	947.900	2.340
40a	400	100	10.5	18.0	18.0	9.00	75.05	58.91	878.900	17 577.9	15.30	78.830	592.000	2.810	1 067.70	2.490
40b	400	102	12.5	18.0	18.0	9.00	83.05	65.19	932.200	18 644.5	14.98	82.520	640.000	2.780	1 135.60	2.440
40c	400	104	14.5	18.0	18.0	9.00	91.05	71.47	985.600	19 711.2	14.71	86.190	687.800	2.750	1 220.70	2.420

注: 1) 槽钢长度: 5~8号, 长 5~12m; 10~18号, 长 5~19m; 20~40号, 长 6~19m。 2) 一般采用材料: Q215, Q235, Q275, Q235-F。

习题答案

2-1 (a) $F_{N1}=50$ kN, $F_{N2}=10$ kN, $F_{N3}=-20$ kN
    (b) $F_{N1}=F$, $F_{N2}=0$, $F_{N3}=F$

2-2 $\sigma=31.9$ MPa$<[\sigma]$,安全

2-3 $\sigma=158$ MPa$<[\sigma]$,安全

2-4 (1) $D=24.4$ mm;(2) $\sigma=119$ MPa$<[\sigma]$,安全

2-5 $d \geqslant 23$ mm

2-6 $b=32.2$ mm, $h=110$ mm

2-7 $[F]=44$ kN

2-8 $[F]=41$ kN

2-9 $[F]=64$ kN

2-10 $\Delta l=0.075$ mm

2-11 $\sigma=78.8$ MPa, $F=6.31$ kN

2-12 $\Delta l = \dfrac{4Fl}{\pi E d_1 d_2}$

2-13 四边杆 $\Delta l_1 = \dfrac{\sqrt{2}Fl}{2EA}$,中杆 $\Delta l_2 = -\dfrac{\sqrt{2}Fl}{EA}$

2-14 $\sigma_{\max}=\gamma l$, $\Delta l = \dfrac{\gamma l^2}{2E}$, $l_{\max} = \dfrac{\sigma^\circ}{\gamma}$

2-15 $[F]=36$ kN, $[F]_1=12$ kN

2-16 $\varepsilon=0.5\times 10^{-3}$, $\sigma=100$ MPa, $F=7.85$ kN

2-17 $A \geqslant 833$ mm^2, $d \leqslant 17.8$ mm, $F \leqslant 15.7$ kN

2-18 $\sigma_s=250$ MPa, $\sigma_b=430$ MPa, $\delta=16.6\%$, $\psi=61.6\%$

2-19 $F_A=F_B=F/3$

2-20 $\sigma^1=66.6$ MPa$<[\sigma]$, $\sigma^2=133$ MPa$<[\sigma]$,安全

2-21 $F_{NBD}=0.74F$, $F_{NBC}=0.37F$

2-22 (1) $F=31.4$ kN;(2) $\sigma^1=\sigma^2=131$ MPa, $\sigma^3=34.3$ MPa

2-23 $F_1=13.9$ kN, $F_2=4.2$ kN

2-24 $\sigma_{\max}=150$ MPa

2-25　$F_{N1}=F_{N3}=5.33$ kN, $F_{N2}=10.67$ kN

3-1　(略)

3-2　(1) $\tau_A=46.6$ MPa, $\gamma_A=5.82\times 10^{-4}$ rad;
　　　(2) $\tau_{max}=51.8$ MPa, $\tau_{min}=41.4$ MPa

3-3　$\tau_{max}=19.2$ MPa$<[\tau]$, 安全

3-4　$P_{max}=18.5$ kW, $\tau'_{max}=30$ MPa

3-5　(略)

3-6　$d=74$ mm

3-7　$\tau_{1max}=18.2$ MPa$<[\tau]$, $\tau_{2max}=17.8$ MPa$<[\tau]$, $\tau_{3max}=16.9$ MPa$<[\tau]$

3-8　实心轴重量是空心轴的 1.96 倍, 空心轴刚度是实心轴的 1.19 倍

3-9　$d_1=45$ mm, $D_2=46$ mm

3-10　$d=52$ mm

3-11　BD 段: $\tau_{max}=23.1$ MPa$<[\tau]$, $\theta_{max}=0.44°$/m$<[\theta]$;
　　　AC 段: $\tau_{max}=49.4$ MPa$<[\tau]$, $\theta_{max}=1.77°$/m$<[\theta]$

3-12　$G=79.8$ GPa

3-13　$\varphi=\dfrac{ml^2}{2GI_p}$

3-14　$M_A=\dfrac{4}{7}M$, $M_B=\dfrac{3}{7}M$

3-15　(1) $\tau_{1max}=\dfrac{16d_1}{\pi d_2^4}T$, $\tau_{2max}=\dfrac{16}{\pi d_2^3}T$;
　　　(2) $T_1=\dfrac{G_1 I_{p1}}{G_1 I_{p1}+G_2 I_{p2}}T$, $T_2=\dfrac{G_2 I_{p2}}{G_1 I_{p1}+G_2 I_{p2}}T$

4-1～4-4　(略)

4-5　$a=\dfrac{\sqrt{2}l}{4}$

4-6　$x_0=\dfrac{l}{2}-\dfrac{d}{4}$, $|M|_{max}=\dfrac{F}{2l}\left(l-\dfrac{d}{2}\right)^2$

5-1　$\sigma_a=\sigma_c=18.8$ MPa, $\sigma_{max}=23.5$ MPa

5-2　$\sigma_{max}=18.8$ MPa$<[\sigma]$, 安全

5-3　$b=32.8$ mm

5-4　$\sigma_{max}=109$ MPa$<[\sigma]$, 安全

5-5　$\sigma_实 = 159$ MPa，$\sigma_空 = 93.7$ MPa，$[q_空] : [q_实] = 1.7 : 1$

5-6　$\sigma_{max} = 350$ MPa，$D = 0.42$ m

5-7　$[q] = 12.56$ kN/m

5-8　1. 最大正弯矩所在截面应力：$\sigma_{max}^+ = 45.9$ MPa，$\sigma_{max}^- = 107$ MPa

　　　2. 最大负弯矩所在截面应力：$\sigma_{max}^+ = 70$ MPa，$\sigma_{max}^- = 30$ MPa

5-9　$d_{max} = 115$ mm

5-10　$\sigma_{max} = 143$ MPa$<[\sigma]$，$\tau_{max} = 11.2$ MPa$<[\tau]$，安全

5-11　AC 中点；$b = 139$ mm，$h = 209$ mm

5-12　选 20a 工字钢

5-13　(1) $\sigma_{a\,max}/\sigma_{b\,max} = 1/2$；(2) $\sigma_{a\,max} = \sigma_{b\,max}$

5-14　$a = 1.39$ m

6-1　(a) $w_{max} = \dfrac{ql^4}{8EI}$ (↓)，$\theta_{max} = \dfrac{qa^3}{6EI}$ (⌢)

　　　(b) $w_{max} = \dfrac{Ml^2}{9\sqrt{3}EI}$ (↓)，$\theta_{max} = \dfrac{Ml}{3EI}$ (⌢)

　　　(c) $w_{max} = \dfrac{5ql^4}{384EI}$ (↓)，$\theta_{max} = \dfrac{qa^3}{24EI}$ (⌢)

　　　(d) $w_{max} = \dfrac{Fal^2}{9\sqrt{3}EI}$ (↑)，$\theta_{max} = \dfrac{Fa}{6EI}(2l+3a)$ (⌢)

6-2　(a) $w_C = -\dfrac{Fl^3}{6EI}$ (↓)，$\theta_B = -\dfrac{Fl^2}{2EI}$ (⌢)

　　　(b) $w_C = -\dfrac{13Fa^3}{18EI}$ (↓)，$\theta_B = \dfrac{8}{9}\dfrac{Fa^2}{EI}$ (⌢)

　　　(c) $w_C = -\dfrac{11Fl^3}{384EI}$ (↓)，$\theta_B = \dfrac{3}{32}\dfrac{Fl^2}{EI}$ (⌢)

　　　(d) $w_C = \dfrac{qa^4}{24EI}$ (↑)，$\theta_B = \dfrac{qa^3}{3EI}$ (⌢)

6-3　$w_C = \dfrac{3Fa^3}{4EI}$ (↓)，$\theta_B = \dfrac{5Fa^2}{8EI}$ (⌢)

6-4　$w_B = 8.22$ mm

6-5　$d = 76.8$ mm

6-6　$w_{max} = 0.012$ m$<[w]$

6-7　(a) $F_B = \dfrac{9M}{16a}$ (↑)

　　　(b) $F_C = \dfrac{7}{4}F$ (↑)

(c) $F_C = \dfrac{5}{8}ql$ (↑)

(d) $F_C = \dfrac{11}{8}F$ (↑)

6-8 $w_C = 0.27\dfrac{Fl_2^3}{EI_2}$ (↓)

6-9 (1) $a = \dfrac{l}{2}$; (2) $w_A = \dfrac{ql^4}{384EI}$

6-10 (1) 图(c); (2) $M_B = \dfrac{EI}{R}$

6-11 $w(x) = \dfrac{Fx^2}{3EIl}(l-x)^2$

7-1 (略)

7-2 (a) $\sigma_a = 40$ MPa, $\tau_a = -17.3$ MPa, $\sigma' = 70$ MPa, $\sigma'' = 30$ MPa, $\alpha_0 = 0°$, $\tau_{max} = 20$ MPa

(b) $\sigma_a = 0$, $\tau_a = 30$ MPa, $\sigma' = 72.4$ MPa, $\sigma'' = -12.4$ MPa, $\alpha_0 = -22.5°$, $\tau_{max} = 42.4$ MPa

(c) $\sigma_a = -6.0$ MPa, $\tau_a = 19.6$ MPa, $\sigma' = 90$ MPa, $\sigma'' = -10$ MPa, $\alpha_0 = -18.4°$, $\tau_{max} = 50$ MPa

(d) $\sigma_a = 4.15$ MPa, $\tau_a = -0.5$ MPa, $\sigma' = 4.2$ MPa, $\sigma'' = -54.2$ MPa, $\alpha_0 = -29.5°$, $\tau_{max} = 29.2$ MPa

7-3 (a) $\sigma' = 80$ MPa, $\sigma'' = 40$ MPa, $\alpha_0 = 0°$, $\tau_{max} = 20$ MPa

(b) $\sigma' = 50$ MPa, $\sigma'' = -50$ MPa, $\alpha_0 = -45°$, $\tau_{max} = 50$ MPa

(c) $\sigma' = 60$ MPa, $\sigma'' = -30$ MPa, $\alpha_0 = 0°$, $\tau_{max} = 45$ MPa

(d) $\sigma' = 96.6$ MPa, $\sigma'' = -16.6$ MPa, $\alpha_0 = 22.5°$, $\tau_{max} = 56.6$ MPa

7-4 (a) $\sigma_1 = 100$ MPa, $\sigma_2 = 60$ MPa, $\sigma_3 = -80$ MPa, $\tau_{max} = 90$ MPa

(b) $\sigma_1 = 80$ MPa, $\sigma_2 = 0$, $\sigma_3 = -20$ MPa, $\tau_{max} = 50$ MPa

(c) $\sigma_1 = 180$ MPa, $\sigma_2 = 60$ MPa, $\sigma_3 = -60$ MPa, $\tau_{max} = 120$ MPa

(d) $\sigma_1 = 96.6$ MPa, $\sigma_2 = -16.6$ MPa, $\sigma_3 = -50$ MPa, $\tau_{max} = 73.3$ MPa

7-5 $\sigma_1 = 100$ MPa, $\sigma_2 = 0$, $\sigma_3 = -100$ MPa, $\tau_{max} = 100$ MPa

7-6 $\sigma_x = 80$ MPa, $\sigma_y = 0$

7-7 $\varepsilon_{45°} = \dfrac{\sigma}{2E}(1-\mu)$, $\varepsilon_{135°} = \dfrac{\sigma}{2E}(1-\mu)$

7-8 $\Delta_{AC} = 371 \times 10^{-6} a$

7-9 $F = 25.1$ kN, $\varepsilon_1 = 400 \times 10^{-6}$

7-10 $F=105.6$ kN, $\varepsilon_B=520\times10^{-6}$

7-11 $F=-\dfrac{2bhE}{3(1+\mu)}\varepsilon_{45°}$

7-12 $\sigma_{r3}=900$ MPa, $\sigma_{r4}=843$ MPa

7-13 $\sigma_{r3}=122$ MPa, $\sigma_{r4}=111$ MPa

7-14 $\sigma_{r3}=300$ MPa, $\sigma_{r4}=265$ MPa

7-15 $p=1.39$ MPa

8-1 （略）

8-2 $x=5.2$ mm

8-3 $F=19$ kN

8-4 $\sigma_{\max}=94.9$ MPa

8-5 $e=\dfrac{\varepsilon_1-\varepsilon_2}{\varepsilon_1+\varepsilon_2}\dfrac{h}{6}$

8-6 $e=161$ mm

8-7 $\sigma_{r3}=58$ MPa$<[\sigma]$，安全

8-8 $G=813$ N

8-9 $d=111$ mm

8-10 $d=75.6$ mm

8-11 $\sigma_{r4}=54.6$ MPa$<[\sigma]$，安全

8-12 $F=1.45$ kN, $\sigma_{r4}=56.2$ MPa$<[\sigma]$，安全

8-13 $\sigma_{r3}=116$ MPa$<[\sigma]$，安全

8-14 $F=\dfrac{E\pi d^2\varepsilon_{0°}}{4}$, $M=\dfrac{E\pi d^3}{32(1+\mu)}[\varepsilon_{0°}(1-\mu)-2\varepsilon_{45°}]$

9-1 946 kN

9-2 (1)105 kN; (2)67.3 kN; (3)59.1 kN; (4)77.2 kN

9-3 (a)15.8 kN; (b)49.7 kN; (c)56.4 kN

9-4 828 kN

9-5 66.1℃

9-6 11.5

9-7 3.15

9-8 $n_{st}=3.74>[n_{st}]$，钢管柱稳定性足够

9-9 16.8 cm

9-10 $n_{st}=3.9>[n_{st}]$，压杆稳定性足够

9-11 AB 杆:$n_{st}=2.23>[n_{st}]$; CD 杆:$\sigma_{max}=120$ MPa$<[\sigma]$; 安全

9-12 342 kN; 124 kN

9-13 (1)234 kN; (2)350 kN

10-1 钢索:$\sigma_d=41.7$ MPa$<[\sigma]$, 梁:$\sigma_{max}=35$ MPa$<[\sigma]$, 安全

10-2 (1)70.8 KPa; (2)15.4 MPa; (3)3.73 MPa

10-3 $h=389$ mm, $h'=9.66$ mm

10-4 $\sigma_{d\,max}=151$ MPa$<[\sigma]$, 梁安全; $\Delta_d=2.62$ mm ($\downarrow$)

10-5 $\sigma_{d\,max}=41$ MPa$<[\sigma]$, 跳板安全

10-6 $\sigma_{d\,max}=\left(1+\sqrt{1+\dfrac{2H}{\dfrac{GL^3}{4Ebh^3}+\dfrac{G}{4k}}}\right)\dfrac{3Gl}{2bh^2}$

10-7 $\sigma_{r3d}=\dfrac{32W\sqrt{l^2+a^2}}{\pi d^3}\left(1+\sqrt{1+\dfrac{2H}{\dfrac{64Wl^3}{3E\pi d^4}+\dfrac{4Wa^3}{Ebh^3}+\dfrac{32Wa^2l}{G\pi d^4}}}\right)$

10-8 $\left(1+\sqrt{1+\dfrac{16EIh}{13Gl^3}}\right)\dfrac{5Gl^3}{12EI}$ ($\downarrow$)

10-9 $\sigma_m=200$ MPa, $\sigma_a=100$ MPa, $r=0.33$

10-10 $r=-4.33$, $\sigma_m=-70.7$ MPa, $\sigma_a=113$ MPa

10-11 $r(1)=-1$, $r(2)=0$, $r(3)=0.87$, $r(4)=0.5$

11-1 50.2 kN

11-2 50 mm

11-3 $\tau_{max}=15.9$ MPa$<[\tau]$; 安全

11-4 $\delta=20$ mm, $l=200$ mm, $h=90$ mm

11-5 323 N

11-6 823 kN

11-7 $l=290$ mm, $h=36$ mm; 横梁:$\sigma_{max}=8.2$ MPa$>[\sigma]$, 安全

11-8 $l=187$ mm

A-1 $y_C=\dfrac{4D}{6\pi}$, $z_C=0$

A-2 $y_C=141$ mm, $z_C=0$

A-3 $I_z=I_y=a^4/12$

A-4 $I_{z1}=\dfrac{bh^3}{4}$

A-5 $I_z=\dfrac{bh^3}{12}-2\left[\dfrac{\pi d^4}{64}+\left(\dfrac{h}{4}\right)^2\left(\dfrac{\pi d^2}{4}\right)\right]$

A-6 $y_C=6.5$ cm, $I_z=1\ 170$ cm^4, $I_{yz}=0$

A-7 (a)$I_z=1\ 630$ cm^4; (b)$I_z=5\ 360$ cm^4

A-8 (a)$I_z=397\times10^4$ mm^4, $I_y=110\times10^4$ mm^4;
      (b)$I_z=397\times10^4$ mm^4, $I_y=325\times10^4$ mm^4

A-9 $b=11.1$ cm

参考文献

1 梁治明,丘侃,陆耀洪. 材料力学[M]. 北京:高等教育出版社,1984.
2 林毓锜,陈翰,楼志文. 材料力学[M]. 西安:西安交通大学出版社,1986.
3 俞茂宏,汪惠雄. 材料力学[M]. 北京:高等教育出版社,1986.
4 陆才善. 材料力学[M]. 西安:西安交通大学出版社,1988.
5 刘鸿文. 材料力学[M]. 上、下册. 第3版. 北京:高等教育出版社,1992.
6 闵行,岳愉,凌伟. 材料力学[M]. 西安:西安交通大学出版社,1999.
7 单辉祖. 材料力学(Ⅰ)、(Ⅱ)[M]. 北京:高等教育出版社,1999.
8 蔡怀崇,闵行. 材料力学[M]. 西安:西安交通大学出版社,2004.
9 闵行,武广号,刘书静. 材料力学要点与解题[M]. 西安:西安交通大学出版社,2006.